图解

《民用建筑设计统一标准》

杨姗姗 主编

U0231103

化学工业出版社

·北京·

内 容 简 介

本书通过三维立体图对《民用建筑设计统一标准》（GB 50352—2019）的重要条款进行解读。本书共分为 8 章，包括总则；术语、基本规定、规划控制、场地设计、建筑物设计、室内环境、建筑设备等内容。本书在编写过程中，以"图中说明框、要点索引"等形式，对标准的重点、难点在图旁作醒目的引注，让读者一看即能很快地掌握标准的内容。

本书作为工程建设规划、设计、施工、监理、预算、消防人员的工具书，也可作为在校土建类学生的参考用书。

图书在版编目（CIP）数据

图解《民用建筑设计统一标准》/ 杨姗姗主编 . —
北京：化学工业出版社，2022.9（2023.9 重印）
　　ISBN 978-7-122-41830-2

　　Ⅰ．①图… 　Ⅱ．①杨… 　Ⅲ．①民用建筑—建筑设计—
标准—中国—图解Ⅳ．① TU24-65

中国版本图书馆 CIP 数据核字（2022）第 121117 号

责任编辑：彭明兰
文字编辑：冯国庆
责任校对：宋　夏
装帧设计：史利平

出版发行：化学工业出版社
　　　　　（北京市东城区青年湖南街 13 号　邮政编码 100011）
印　　装：河北京平诚乾印刷有限公司
880mm×1230mm　1/32　印张　9¼　字数　248 千字
2023 年 9 月北京第 1 版第 2 次印刷

购书咨询：010-64518888
售后服务：010-64518899
网　　址：http://www.cip.com.cn
凡购买本书，如有缺损质量问题，本社销售中心负责调换。

定　　价：68.00 元　　　　　　　　　　　　　版权所有　违者必究

前言

　　为了使民用建筑符合适用、经济、美观的建筑方针，满足安全、卫生、环保等基本要求，统一各类民用建筑的通用设计要求，国家特制定了《民用建筑设计统一标准》。住房和城乡建设部于 2019 年 3 月 13 日公布关于发布国家标准《民用建筑设计统一标准》的公告，内容有：现批准《民用建筑设计统一标准》为国家标准，编号为 GB 50352—2019，自 2019 年 10 月 1 日起实施。其中，第 4.3.1、6.7.4、6.8.6、6.8.9 条为强制性条文，必须严格执行。

　　本次标准修订的主要变化：简化了住宅的分类；增加了建筑模数；细化要求了地下车库入口的处置；提出了管线距离可适当减少；增加了公共场所栏杆设置要求；明确了楼梯净宽需要考虑面层厚度；更细化要求了楼梯扶手的高度；对门斗的设置提出了要求；新增了使用燃气厨房需与居室（含卧室、客厅）分隔的规定等。本次标准修订的主要进步之处：女厕厕位数量增加；设置无性别厕所和母婴室；楼梯踏步的要求细致而实用；公建内封闭房间可以设置厨房等。

　　《民用建筑设计统一标准》是建筑设计人员必须遵守和使用的标准，具有广泛的指导意义。但在设计中如何理解和掌握标准中的要求，很多设计人员还是把握不好，特别是标准一般可读性不强，如果能让文字要求图示化，那么读者接受起来就会更容易些，因此，特策划本书。

　　本书从"看图片，学标准"这个实用的角度，来帮助读者学习并尽快掌握标准的内容。通过三维立体图，以"图中说明框、要点索引"等形式，对标准的重点、难点在图旁作醒目的引注，让读者一看即能很快地掌握标准的内容。同时，本书还配有三维动画演示，读者可以扫码自行观看学习，掌握标准要点更简单直接。

本书在编写过程中尽量全面、严谨地用图解的方式解读，但时间和水平有限，书中难免存在不足之处，敬请读者在学习过程中提出宝贵的意见和建议。

编　者
2022 年 8 月

目录

1 总则 1

2 术语 3

3 基本规定 41

3.1 民用建筑分类 42

3.2 设计使用年限 47

3.3 建筑气候分区对建筑基本要求 47

3.4 建筑与环境 50

3.5 建筑模数 52

3.6 防灾避难 55

4 规划控制 57

4.1 城乡规划及城市设计　　……58
4.2 建筑基地　　……62
4.3 建筑突出物　　……77
4.4 建筑连接体　　……86
4.5 建筑高度　　……88

5 场地设计 93

5.1 建筑布局　　……94
5.2 道路与停车场　　……99
5.3 竖向　　……112
5.4 绿化　　……119
5.5 工程管线布置　　……122

6 建筑物设计 129

6.1 建筑标定人数的确定　　……130
6.2 平面布置　　……132
6.3 层高和室内净高　　……137
6.4 地下室和半地下室　　……138
6.5 设备层、避难层和架空层　　……142

6.6 厕所、卫生间、盥洗室、浴室和
母婴室 ······146
6.7 台阶、坡道和栏杆 ······156
6.8 楼梯 ······163
6.9 电梯、自动扶梯和自动人
行道 ······171
6.10 墙身和变形缝 ······179
6.11 门窗 ······184
6.12 建筑幕墙 ······194
6.13 楼地面 ······197
6.14 屋面 ······200
6.15 吊顶 ······208
6.16 管道井、烟道和通风道 ······214
6.17 室内外装修 ······221

室内环境

225

7.1 光环境 ······226
7.2 通风 ······232
7.3 热湿环境 ······235
7.4 声环境 ······238

8 建筑设备

243

8.1 给水排水 ……244
8.2 暖通空调 ……258
8.3 建筑电气 ……265
8.4 燃气 ……274

参考文献

285

1

总则

1.0.1 为使民用建筑符合适用、经济、绿色、美观的建筑方针，满足安全、卫生、环保等基本要求，统一各类民用建筑的通用设计要求，制定本标准。

1.0.2 本标准适用于新建、扩建和改建的民用建筑设计。

1.0.3 民用建筑设计除应执行国家有关法律、法规外，尚应符合下列规定：

1 应按可持续发展的原则，正确处理人、建筑和环境的相互关系。

2 必须保护生态环境，防止污染和破坏环境。

3 应以人为本，满足人们物质与精神的需求。

4 应贯彻节约用地、节约能源、节约用水和节约原材料的基本国策。

5 应满足当地城乡规划的要求，并与周围环境相协调。宜体现地域文化、时代特色。

6 建筑和环境应综合采取防火、抗震、防洪、防空、抗风雪和雷击等防灾安全措施。

7 应在室内外环境中提供无障碍设施，方便行动有障碍的人士使用。

8 涉及历史文化名城名镇名村、历史文化街区、文物保护单位、历史建筑和风景名胜区、自然保护区的各项建设，应符合相关保护规划的规定。

1.0.4 民用建筑设计除应符合本标准外，尚应符合国家现行有关标准的规定。

2

术语

2.0.1 民用建筑　civil building

　　供人们居住和进行公共活动的建筑的总称。

2.0.1　图示

2.0.2 居住建筑　residential building
　　　　供人们居住使用的建筑。

2.0.2　图示

2.0.3 公共建筑　public building

　　供人们进行各种公共活动的建筑。

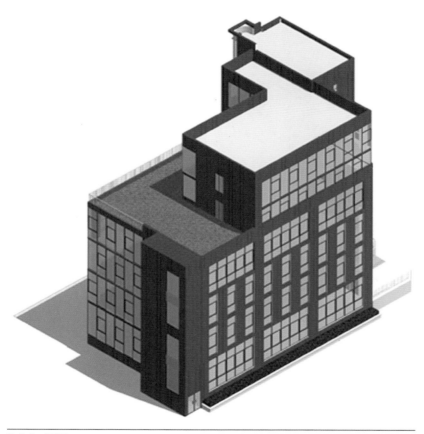

2.0.3　图示

2.0.4　无障碍设施　accessibility facilities
　　保障人员通行安全和使用便利，与民用建筑工程配
套建设的服务设施。

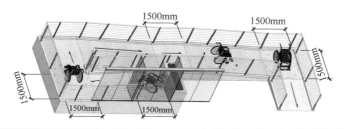

2.0.4　图示1

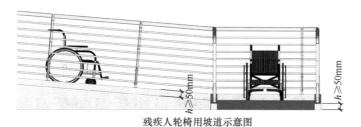

残疾人轮椅用坡道示意图

2.0.4　图示2

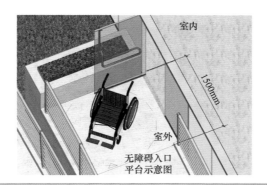

无障碍入口
平台示意图

2.0.4　图示3

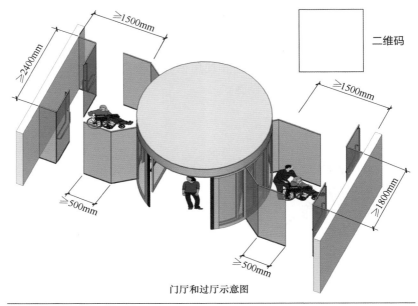

二维码

门厅和过厅示意图

2.0.4 图示 4

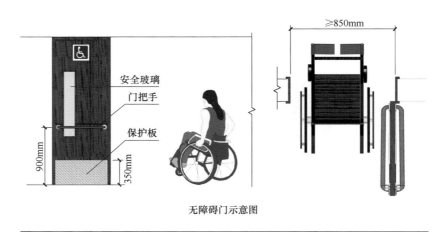

安全玻璃

门把手

保护板

900mm

350mm

无障碍门示意图

2.0.4 图示 5

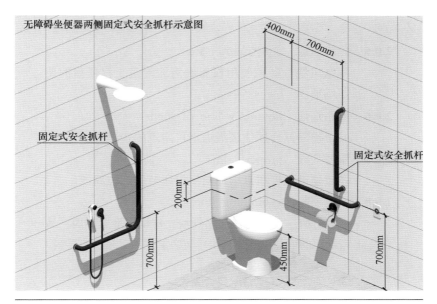

无障碍坐便器两侧固定式安全抓杆示意图

固定式安全抓杆

固定式安全抓杆

400mm

700mm

200mm

450mm

700mm

700mm

2.0.4　图示 6

2.0.5 建筑基地　construction site
根据用地性质和使用权属确定的建筑工程项目的使用场地。

2.0.6 道路红线　boundary line of roads
城市道路（含居住区级道路）用地的边界线。

2.0.7 用地红线　property line
各类建设工程项目用地使用权属范围的边界线。

2.0.8 建筑控制线　building line
规划行政主管部门在道路红线、建设用地边界内，另行划定的地面以上建（构）筑物主体不得超出的界线。

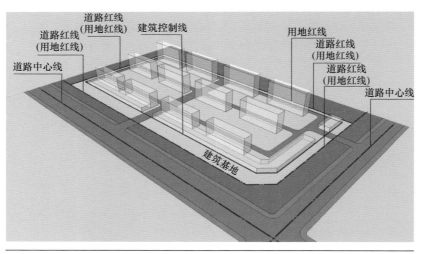

2.0.5 ~ 2.0.8　图示

2.0.9 建筑密度 building density; building coverage ratio
在一定用地范围内，建筑物基底面积总和与总用地
面积的比率（%）。

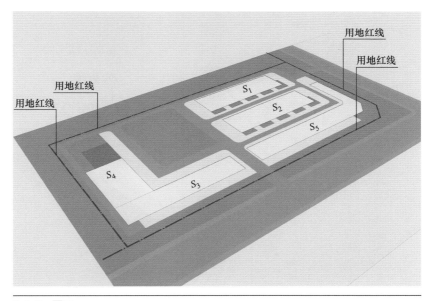

2.0.9 图示

$S_1 \sim S_5$—建筑基地面积

2.0.10 容积率 plot ratio; floor area ratio
在一定用地及计容范围内，建筑面积总和与用地
面积的比值。

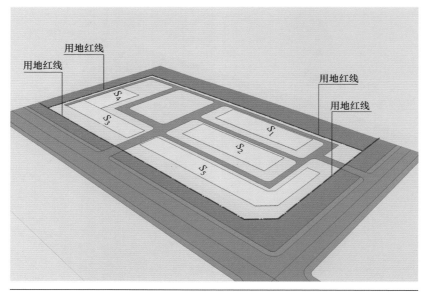

2.0.10 图示

$S_1 \sim S_5$—建筑基地面积

2.0.11 绿地率　greening rate

在一定用地范围内，各类绿地总面积占该用地总面积的比率（%）。

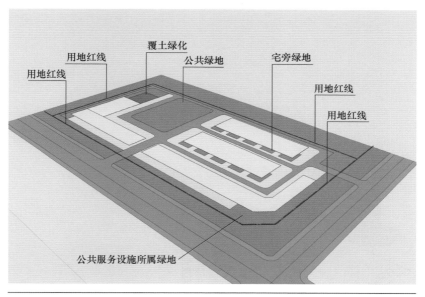

2.0.11　图示

2.0.12 日照标准　insolation standard

根据建筑物所处的气候区、城市规模和建筑物的使用性质确定的，在规定的日照标准日（冬至日或大寒日）的有效日照时间范围内，以有日照要求楼层的窗台面为计算起点的建筑外窗获得的日照时间。

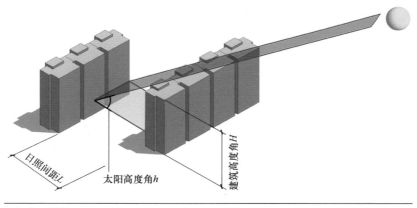

2.0.12　图示

2.0.13 层高 storey height

建筑物各层之间以楼、地面面层（完成面）计算的垂直距离，屋顶层由该层楼面面层（完成面）至平屋面的结构面层或至坡顶的结构面层与外墙外皮延长线的交点计算的垂直距离。

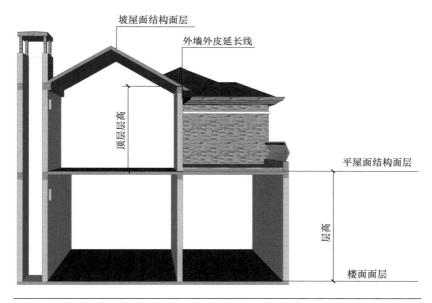

2.0.13 图示

2.0.14 室内净高 interior clear height

从楼、地面面层（完成面）至吊顶或楼盖、屋盖底面之间的有效使用空间的垂直距离。

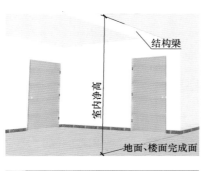

结构梁

室内净高

地面、楼面完成面

管道底面

室内净高

地面、楼面完成面

吊顶底面

室内净高

地面、楼面完成面

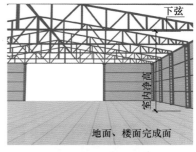

下弦

室内净高

地面、楼面完成面

2.0.14 图示

2.0.15 地下室 basement

　　房间地平面低于室外地平面的高度超过该房间净高的 1/2 者为地下室。

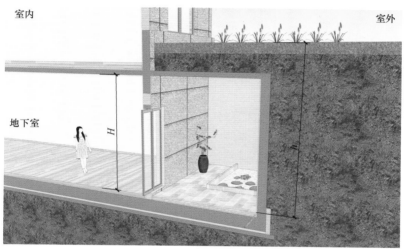

$h \geqslant H/2$

2.0.15 图示 1

h— 房间地平面低于室外地平面的高度；*H*— 地下室或半地下室室内净高

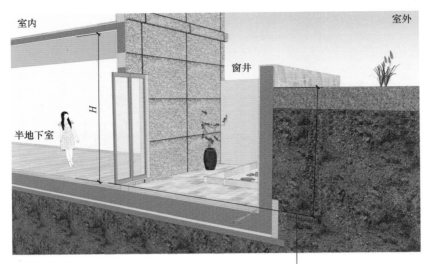

室内

室外

窗井

H

半地下室

$h \geqslant H/2$

2.0.15　图示2

h—房间地平面低于室外地平面的高度；H—地下室或半地下室室内净高

2.0.16 半地下室　semi-basement

房间地平面低于室外地平面的高度超过该房间净高的 1/3，且不超过 1/2 者为半地下室。

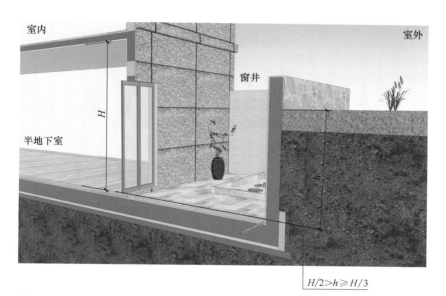

2.0.16　图示

h—房间地平面低于室外地平面的高度；H—地下室或半地下室室内净高

2.0.17 设备层 equipment floor

建筑物中专为设置暖通、空调、给水排水和电气等的设备和管道且供人员进入操作用的空间层。

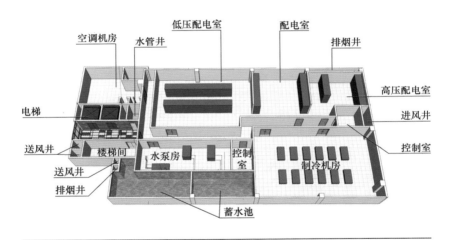

2.0.17 图示

2.0.18 避难层 refuge storey

在高度超过 100.0m 的高层建筑中，用于人员在火灾时暂时躲避火灾及其烟气危害的楼层。

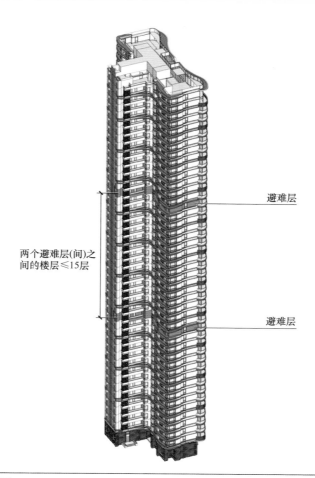

避难层

两个避难层(间)之
间的楼层≤15层

避难层

2.0.18 图示

2.0.19 架空层 open floor

用结构支撑且无外围护墙体的开敞空间。

2.0.19 图示

2.0.20 台阶 step

连接室外或室内的不同标高的楼面、地面,供人行的阶梯式交通道。

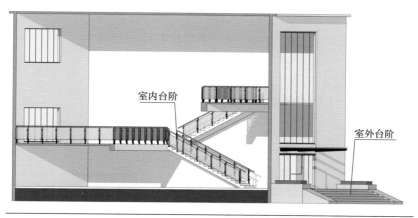

室内台阶

室外台阶

2.0.20 图示

2.0.21 临空高度　the vertical height between two opensp
ace

相邻开敞空间有高差时，上下楼地面之间的垂直
距离。

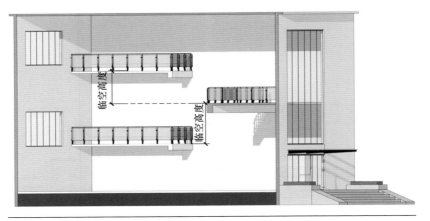

2.0.21　图示

2.0.22 坡道 ramp

连接室外或室内的不同标高的楼面、地面，供人
行或车行的斜坡式交通道。

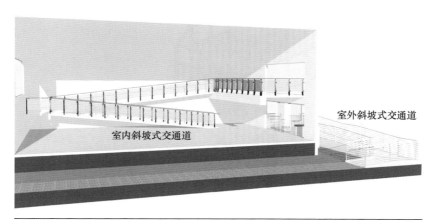

2.0.22 图示

2.0.23 栏杆 railing

具有一定的安全高度，用以保障人身安全或分隔空间用的防护分隔构件。

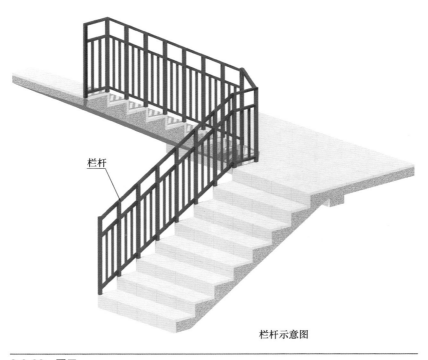

栏杆

栏杆示意图

2.0.23 图示

2.0.24 楼梯 stair

由连续行走的梯级、休息平台和维护安全的栏杆（或栏板）、扶手以及相应的支承结构组成的作为楼层之间垂直交通用的建筑部件。

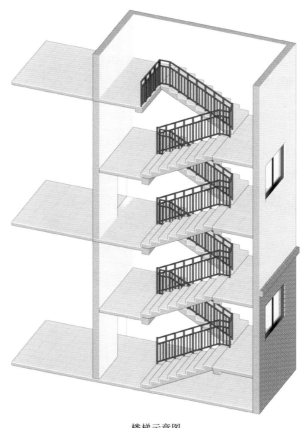

楼梯示意图

2.0.24 图示

2.0.25 变形缝　deformation joint

为防止建筑物在外界因素作用下，结构内部产生
附加变形和应力，导致建筑物开裂、碰撞甚至破
坏而预留的构造缝，包括伸缩缝、沉降缝和抗
震缝。

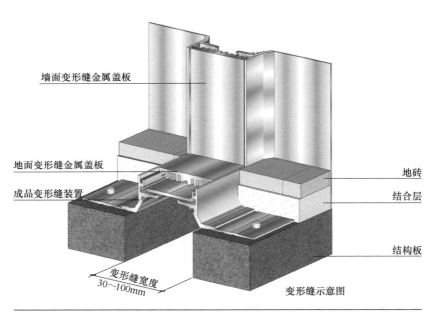

墙面变形缝金属盖板

地面变形缝金属盖板

成品变形缝装置

地砖

结合层

结构板

变形缝宽度
30~100mm

变形缝示意图

2.0.25　图示

2.0.26 建筑幕墙　building curtain wall
　　由面板与支承结构体系（支承装置与支承结构）组成的可相对主体结构有一定位移能力或自身有一定变形能力、不承担主体结构所受作用的建筑外围护墙。

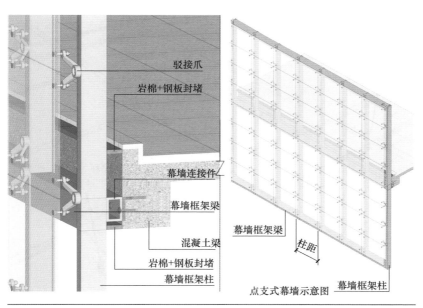

驳接爪
岩棉+钢板封堵
幕墙连接件
幕墙框架梁
混凝土梁
岩棉+钢板封堵
幕墙框架柱

幕墙框架梁
柱距
幕墙框架柱
点支式幕墙示意图

2.0.26　图示

2.0.27 吊顶 suspended ceiling

悬吊在房屋屋顶或楼板结构下的顶棚。

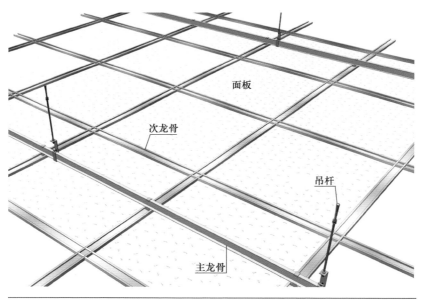

面板

次龙骨

吊杆

主龙骨

2.0.27 图示

2.0.28 管道井 pipe shaft

建筑物中用于布置竖向设备管线及设备的竖向井道。

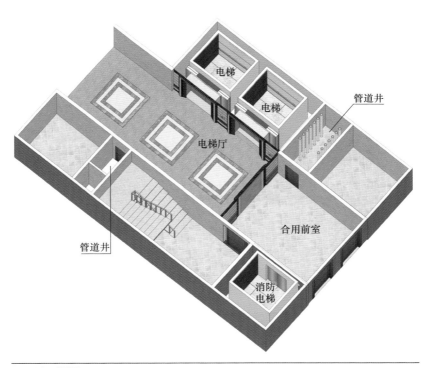

2.0.28 图示

2.0.29 烟道　smoke uptake; smoke flue
　　　　排放各种烟气的管道、井道。

烟道、通风道

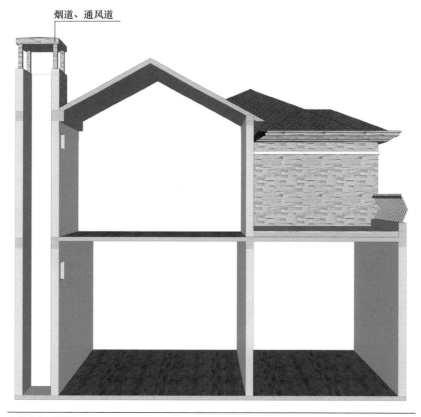

2.0.29　图示

2.0.30 通风道 air shaft

排除室内不良气体或者输送新鲜空气的管道、井道。

烟道、通风道

2.0.30 图示

2.0.31 装修 decoration; finishing
以建筑物主体结构为依托，对建筑内、外空间进
行的细部加工和艺术处理。

2.0.31 图示

2.0.32 采光 daylighting

为保证人们生活、工作或生产活动具有适宜的光环境，使建筑物内部使用空间取得的天然光照度满足使用、安全、舒适、美观等要求的措施。

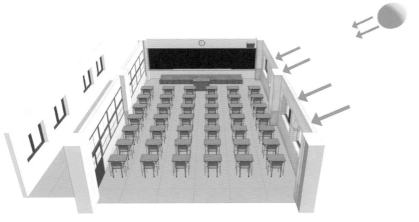

建筑采光示意图

2.0.32 图示

2.0.33 采光系数　daylight factor

在室内给定平面上的一点，由直接或间接地接收来自假定和已知天空亮度分布的天空漫射光而产生的照度与同一时刻该天空半球在室外无遮挡水平面上产生的天空漫射光照度之比。

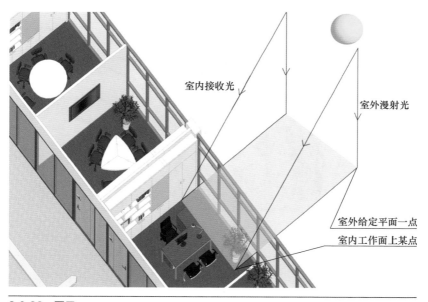

室内接收光

室外漫射光

室外给定平面一点
室内工作面上某点

2.0.33　图示

2.0.34 采光系数标准值　standard value of daylight factor

在规定的室外天然光设计照度下，满足视觉功能要求时的采光系数值。

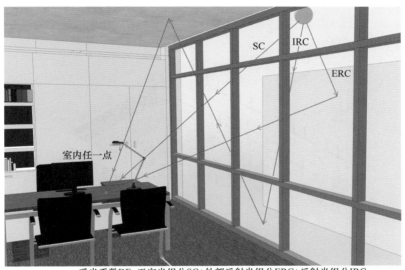

采光系数DF=天空光组分SC+外部反射光组分ERC+反射光组分IRC

2.0.34　图示

2.0.35 通风 ventilation

为保证人们生活、工作或生产活动具有适宜的空
气环境，采用自然或机械方法，对建筑物内部使
用空间进行换气，使空气质量满足卫生、安全、
舒适等要求的技术。

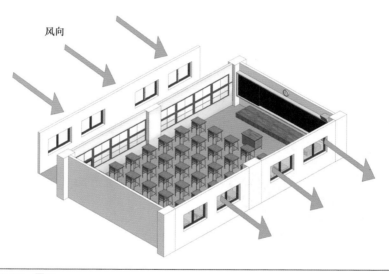

风向

2.0.35 图示

2.0.36 噪声 noise

影响人们正常生活、工作、学习、休息，甚至损
害身心健康的外界干扰声。

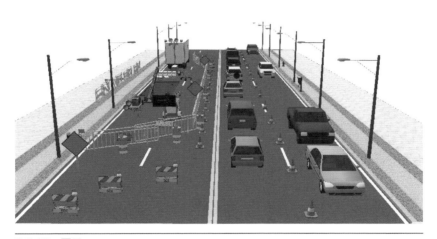

2.0.36 图示

2.0.37 建筑连接体　building connection

跨越道路红线、建设用地边界建造，连接不同用地之间地下或地上的建筑物。

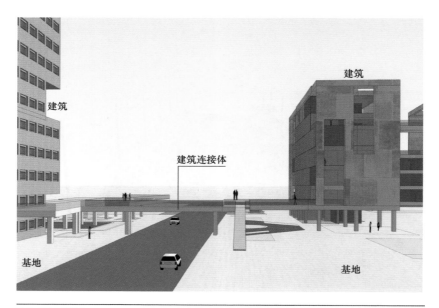

2.0.37　图示

3

基本规定

3.1 民用建筑分类

3.1.1 民用建筑按使用功能可分为居住建筑和公共建筑两
大类。其中，居住建筑可分为住宅建筑和宿舍建筑。

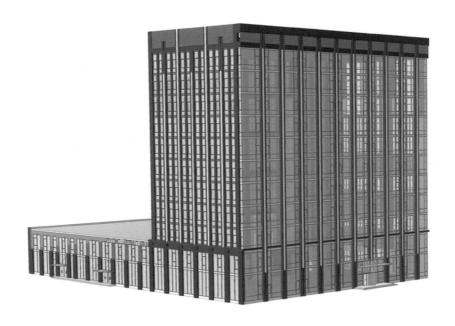

公共建筑

3.1.1 图示1

扫码看视频

住宅建筑

宿舍建筑

两者皆为居住建筑

3.1.1　图示 2

3.1.2 民用建筑按地上建筑高度或层数进行分类应符合下列规定:

    1 建筑高度不大于 27.0m 的住宅建筑、建筑高度不大于 24.0m 的公共建筑及建筑高度大于 24.0m 的单层公共建筑为低层或多层民用建筑;

    2 建筑高度大于 27.0m 的住宅建筑和建筑高度大于 24.0m 的非单层公共建筑,且高度不大于 100.0m 的,为高层民用建筑;

    3 建筑高度大于 100.0m 为超高层建筑。

    注:建筑防火设计应符合现行国家标准《建筑设计防火规范》GB 50016 有关建筑高度和层数计算的规定。

3.1.3 民用建筑等级分类划分应符合国家现行有关标准或行业主管部门的规定。

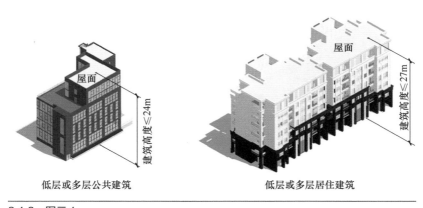

低层或多层公共建筑   低层或多层居住建筑

3.1.3 图示 1

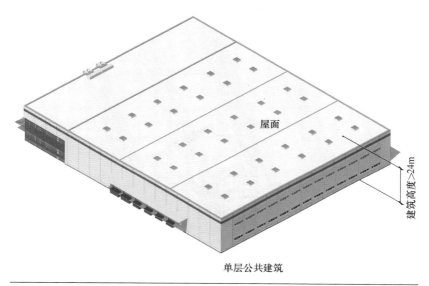

屋面

建筑高度>24m

单层公共建筑

3.1.3 图示 2

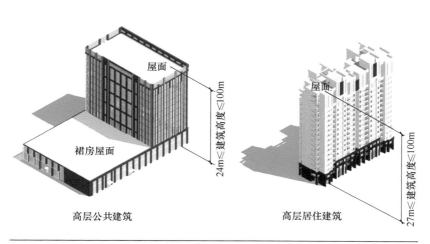

屋面

裙房屋面

24m≤建筑高度≤100m

高层公共建筑

屋面

27m≤建筑高度≤100m

高层居住建筑

3.1.3 图示 3

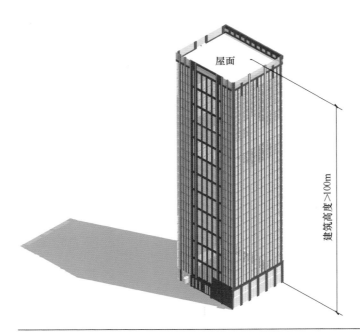

屋面

建筑高度 >100m

超高层建筑

3.1.3 图示 4

3.2 设计使用年限

3.2.1 民用建筑的设计使用年限应符合表 3.2.1 的规定。

表 3.2.1 设计使用年限分类

类别	设计使用年限（年）	示例
1	5	临时性建筑
2	25	易于替换结构构件的建筑
3	50	普通建筑和构筑物
4	100	纪念性建筑和特别重要的建筑

注：此表依据《建筑结构可靠性设计统一标准》GB 50068，并与其协调一致。

3.3 建筑气候分区对建筑基本要求

3.3.1 建筑气候分区对建筑的基本要求应符合表 3.3.1 的规定。

表 3.3.1 不同区划对建筑的基本要求

建筑气候区划名称		热工区划名称	建筑气候区划主要指标	建筑基本要求
Ⅰ	ⅠA ⅠB ⅠC ⅠD	严寒地区	1月平均气温≤-10℃ 7月平均气温≤25℃ 7月平均相对湿度≥50%	1. 建筑物必须充分满足冬季保温、防寒、防冻等要求； 2. ⅠA、ⅠB区应防止冻土、积雪对建筑物的危害； 3. ⅠB、ⅠC、ⅠD区的西部，建筑物应防冰雹、防风沙

建筑气候区划名称	热工区划名称	建筑气候区划主要指标	建筑基本要求
II	II A II B	寒冷地区	1月平均气温 -10～0℃ 7月平均气温 18～28℃	1. 建筑物应满足冬季保温、防寒、防冻等要求，夏季部分地区应兼顾防热； 2. II A区建筑物应防热、防潮、防暴风雨，沿海地带应防盐雾侵蚀
III	III A III B III C	夏热冬冷地区	1月平均气温 0～10℃ 7月平均气温 25～30℃	1. 建筑物应满足夏季防热、遮阳、通风降温要求，并应兼顾冬季防寒； 2. 建筑物应满足防雨、防潮、防洪、防雷电等要求； 3. III A区应防台风、暴雨袭击及盐雾侵蚀； 4. III B、III C区北部冬季积雪地区建筑物的屋面应有防积雪危害的措施
IV	IV A IV B	夏热冬暖地区	1月平均气温 > 10℃ 7月平均气温 25～29℃	1. 建筑物必须满足夏季遮阳、通风、防热要求； 2. 建筑物应防暴雨、防潮、防洪、防雷电； 3. IV A区应防台风、暴雨袭击及盐雾侵蚀

建筑气候区划名称	热工区划名称		建筑气候区划主要指标	建筑基本要求
V	V A V B	温和地区	1月平均气温0～13℃ 7月平均气温18～25℃	1. 建筑物应满足防雨和通风要求； 2. V A区建筑物应注意防寒，V B区应特别注意防雷电
VI	VI A VI B	严寒地区	1月平均气温0～-22℃ 7月平均气温<18℃	1. 建筑物应充分满足保温、防寒、防冻的要求； 2. VI A、VI B区应防冻土对建筑物地基及地下管道的影响，并应特别注意防风沙； 3. VI C区的东部，建筑物应防雷电
	VI C	寒冷地区		
VII	VII A VII B VII C	严寒地区	1月平均气温-5～-20℃ 7月平均气温≥18℃ 7月平均相对湿度<50%	1. 建筑物必须充分满足保温、防寒、防冻的要求； 2. 除VII D区外，应防冻土对建筑物地基及地下管道的危害； 3. VII B区建筑物应特别注意积雪的危害； 4. VII C区建筑物应特别注意防风沙，夏季兼顾防热； 5. VII D区建筑物应注意夏季防热，吐鲁番盆地应特别注意隔热、降温
	VII D	寒冷地区		

3.4 建筑与环境

3.4.1 建筑与自然环境的关系应符合下列规定：
    1 建筑基地应选择在地质环境条件安全，且可获得天然采光、自然通风等卫生条件的地段；
    2 建筑应结合当地的自然与地理环境特征，集约利用资源，严格控制对自然和生态环境的不利影响；
    3 建筑周围环境的空气、土壤、水体等不应构成对人体的危害。

3.4.1　图示

3.4.2　建筑与人文环境的关系应符合下列规定：

　　1　建筑应与基地所处人文环境相协调；

　　2　建筑基地应进行绿化，创造优美的环境；

　　3　对建筑使用过程中产生的垃圾、废气、废水等废弃物应妥善处理，并应有效控制噪声、眩光等的污染，防止对周边环境的侵害。

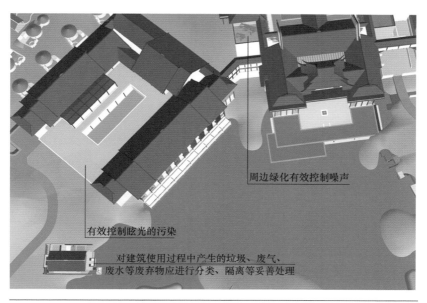

周边绿化有效控制噪声

有效控制眩光的污染

对建筑使用过程中产生的垃圾、废气、废水等废弃物应进行分类、隔离等妥善处理

3.4.2　图示

3.5 建筑模数

3.5.1 建筑设计应符合现行国家标准《建筑模数协调标准》
GB/T 50002 的规定。

柯布西耶提出的勒式模数

自由立面以比例和基准线性逻辑来设计的萨伏伊别墅

严格遵循模数制的中国古建筑斗栱

3.5.1 图示

3.5.2 建筑平面的柱网、开间、进深、层高、门窗洞口等
主要定位线尺寸，应为基本模数的倍数，并应符合
下列规定：

1 平面的开间进深、柱网或跨度、门窗洞口宽度等
主要定位尺寸，宜采用水平扩大模数数列 $2n\mathrm{M}$、
$3n\mathrm{M}$（n 为自然数）；

2 层高和门窗洞口高度等主要标注尺寸，宜采用竖
向扩大模数数列 $n\mathrm{M}$（n 为自然数）。

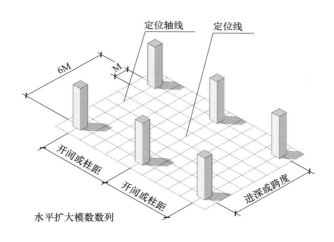

3.5.2　图示 1

M—建筑模数，下同

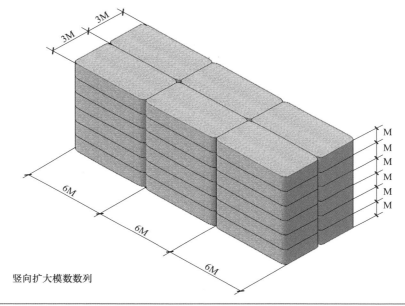

竖向扩大模数数列

3.5.2　图示 2

3.6 防灾避难

3.6.1 建筑防灾避难场所或设施的设置应满足城乡规划的总体要求，并应遵循场地安全、交通便利和出入方便的原则。

应急避难场所标志

3.6.1 图示

3.6.2 建筑设计应根据灾害种类，合理采取防灾、减灾及避难的相应措施。

3.6.3 防灾避难设施应因地制宜、平灾结合，集约利用资源。

3.6.4 防灾避难场所及设施应保障安全、长期备用、便于管理，并应符合无障碍的相关规定。

4

规划控制

4.1 城乡规划及城市设计

4.1.1 建筑项目的用地性质、容积率、建筑密度、绿地率、建筑高度及其建筑基地的年径流总量控制率等控制指标，应符合所在地控制性详细规划的有关规定。

4.1.1 图示

扫码看视频

4.1.2 建筑及其环境设计应满足城乡规划及城市设计对所在区域的目标定位及空间形态、景观风貌、环境品质等控制和引导要求，并应满足城市设计对公共空间、建筑群体、园林景观、市政等环境设施的设计控制要求。

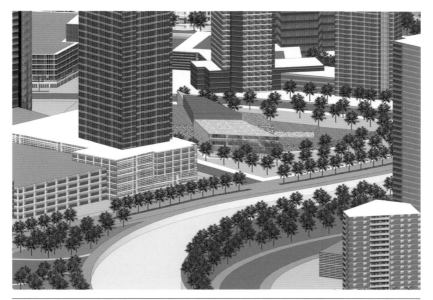

4.1.2 图示

4.1.3 建筑设计应注重建筑群体空间与自然山水环境的融合与协调、历史文化与传统风貌特色的保护与发展、公共活动与公共空间的组织与塑造，并应符合下列规定：

1 建筑物的形态、体量、尺度、色彩以及空间组合关系应与周围的空间环境相协调；

2 重要城市界面控制地段建筑物的建筑风格、建筑高度、建筑界面等应与相邻建筑基地建筑物相协调；

3 建筑基地内的场地、绿化种植、景观构筑物与环境小品、市政工程设施、景观照明、标识系统和公共艺术等应与建筑物及其环境统筹设计、相互协调；

4 建筑基地内的道路、停车场、硬质地面宜采用透水铺装；

5 建筑基地与相邻建筑基地建筑物的室外开放空间、步行系统等宜相互连通。

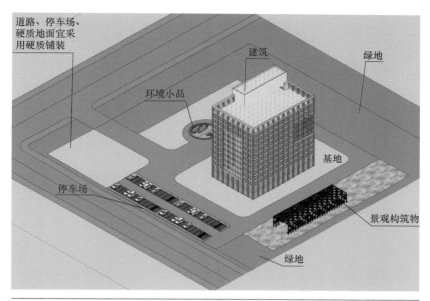

道路、停车场、硬质地面宜采用硬质铺装

建筑

绿地

环境小品

停车场

基地

景观构筑物

绿地

4.1.3 图示

4.2 建筑基地

4.2.1 建筑基地应与城市道路或镇区道路相邻接，否则应
设置连接道路，并应符合下列规定：
1 当建筑基地内建筑面积小于或等于 3000m² 时，
其连接道路的宽度不应小于 4.0m；
2 当建筑基地内建筑面积大于 3000m²，且只有一
条连接道路时，其宽度不应小于 7.0m；当有两
条或两条以上连接道路时，单条连接道路宽度不
应小于 4.0m。

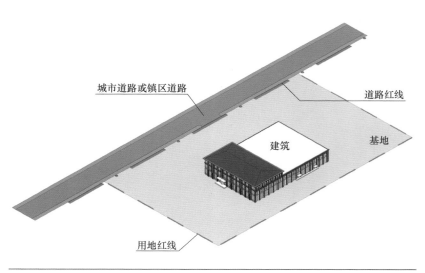

4.2.1 图示 1

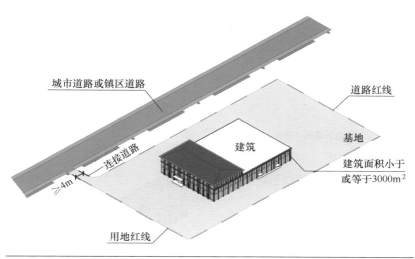

城市道路或镇区道路

道路红线

连接道路

基地

建筑

≥4m

建筑面积小于
或等于3000m²

用地红线

4.2.1　图示 2

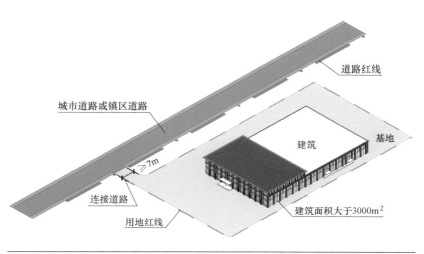

道路红线

城市道路或镇区道路

建筑

基地

≥7m

连接道路

建筑面积大于3000m²

用地红线

4.2.1　图示 3

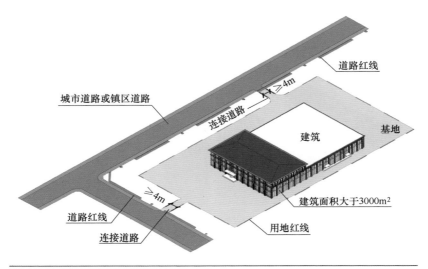

道路红线

城市道路或镇区道路

连接道路

≥4m

建筑

基地

建筑面积大于3000m²

道路红线

≥4m

连接道路

用地红线

4.2.1　图示 4

4.2.2 建筑基地地面高程应符合下列规定:

    1 应依据详细规划确定的控制标高进行设计;

    2 应与相邻基地标高相协调,不得妨碍相邻基地的雨水排放;

    3 应兼顾场地雨水的收集与排放,有利于滞蓄雨水、减少径流外排,并应有利于超标雨水的自然排放。

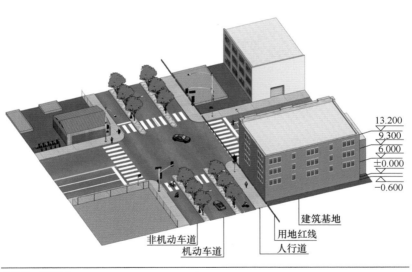

4.2.2　图示 1

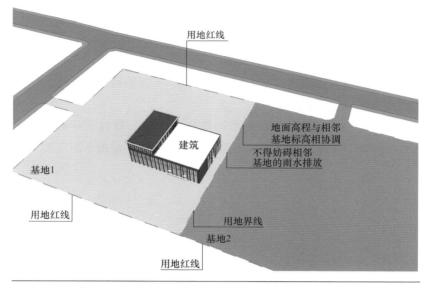

4.2.2 图示2

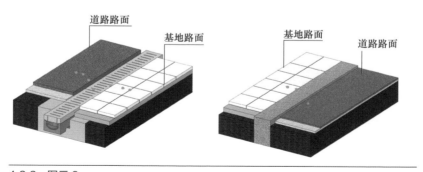

4.2.2 图示3

4.2.3 建筑物与相邻建筑基地及其建筑物的关系应符合下列规定：

1 建筑基地内建筑物的布局应符合控制性详细规划对建筑控制线的规定；

2 建筑物与相邻建筑基地之间应按建筑防火等国家现行相关标准留出空地或道路；

3 当相邻基地的建筑物毗邻建造时，应符合现行国家标准《建筑设计防火规范》GB 50016 的有关规定；

4 新建建筑物或构筑物应满足周边建筑物的日照标准；

5 紧贴建筑基地边界建造的建筑物不得向相邻建筑基地方向开设洞口、门、废气排出口及雨水排泄口。

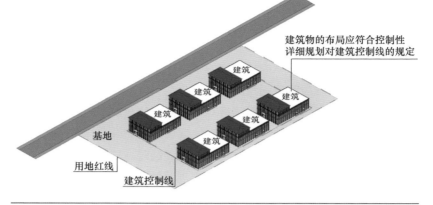

建筑物的布局应符合控制性
详细规划对建筑控制线的规定

基地

用地红线

建筑控制线

4.2.3 图示 1

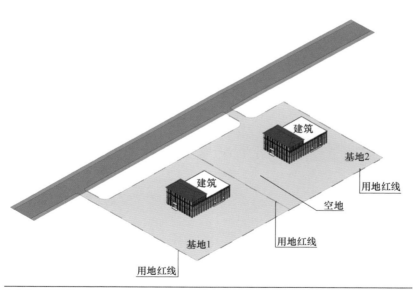

建筑

基地2

用地红线

空地

用地红线

建筑

基地1

用地红线

4.2.3 图示 2

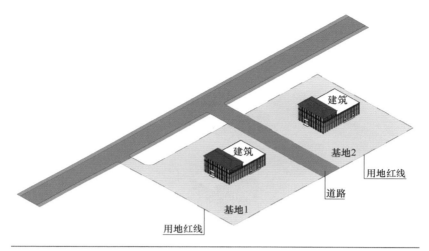

4.2.3　图示 3

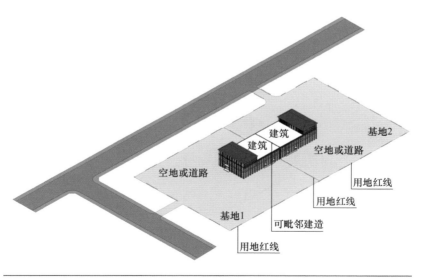

4.2.3　图示 4

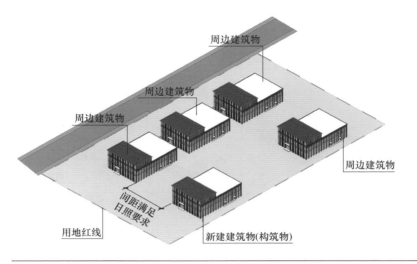

周边建筑物

周边建筑物

周边建筑物

周边建筑物

间距满足
日照要求

用地红线

新建建筑物(构筑物)

4.2.3　图示5

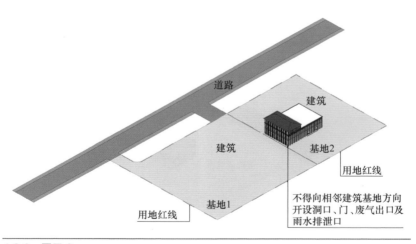

道路

建筑

建筑

建筑

基地2

用地红线

基地1

用地红线

不得向相邻建筑基地方向
开设洞口、门、废气出口及
雨水排泄口

4.2.3　图示6

4.2.4 建筑基地机动车出入口位置，应符合所在地控制性详细规划，并应符合下列规定：

1 中等城市、大城市的主干路交叉口，自道路红线交叉点起沿线 70.0m 范围内不应设置机动车出入口；

2 距人行横道、人行天桥、人行地道（包括引道、引桥）的最近边缘线不应小于 5.0m；

3 距地铁出入口、公共交通站台边缘不应小于 15.0m；

4 距公园、学校及有儿童、老年人、残疾人使用建筑的出入口最近边缘不应小于 20.0m。

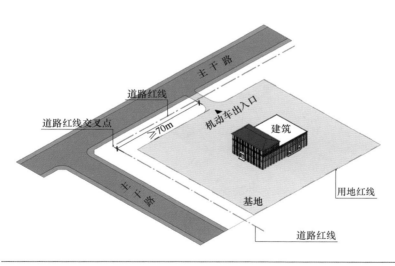

4.2.4 图示 1

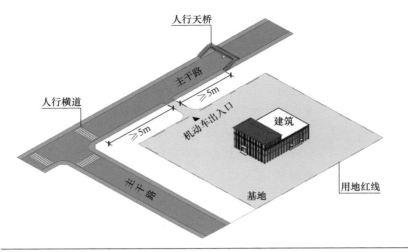

4.2.4　图示2

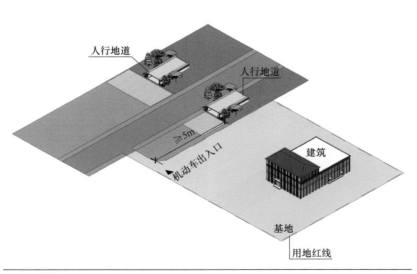

4.2.4　图示3

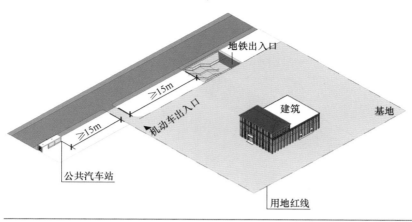

4.2.4 图示 4

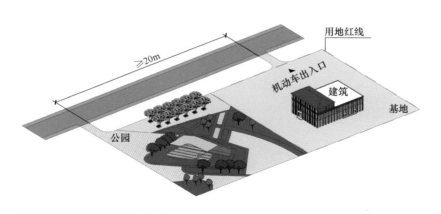

4.2.4 图示 5

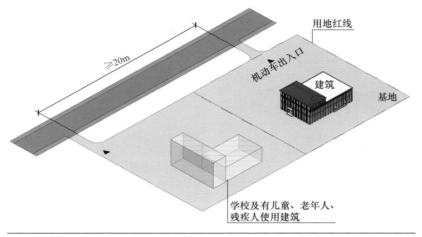

用地红线

机动车出入口

建筑

基地

≥20m

学校及有儿童、老年人、
残疾人使用建筑

4.2.4　图示 6

4.2.5 大型、特大型交通、文化、体育、娱乐、商业等人员密集的建筑基地应符合下列规定：

1 建筑基地与城市道路邻接的总长度不应小于建筑基地周长的 1/6；

2 建筑基地的出入口不应少于 2 个，且不宜设置在同一条城市道路上；

3 建筑物主要出入口前应设置人员集散场地，其面积和长宽尺寸应根据使用性质和人数确定；

4 当建筑基地设置绿化、停车或其他构筑物时，不应对人员集散造成障碍。

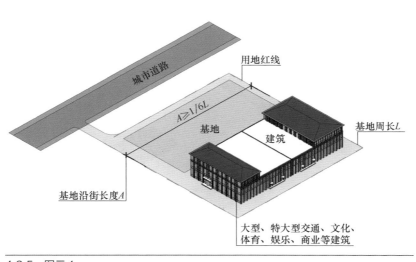

4.2.5 图示 1

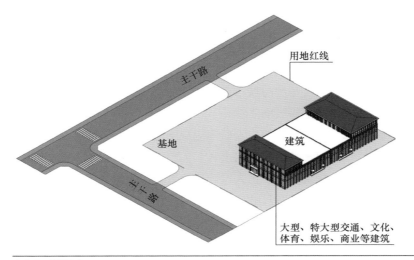

用地红线

主干路

基地

建筑

主干路

大型、特大型交通、文化、
体育、娱乐、商业等建筑

4.2.5 图示 2

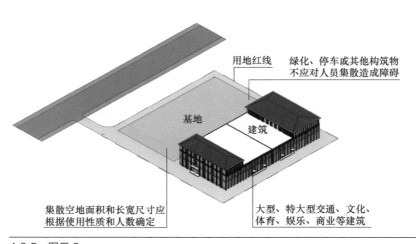

用地红线

绿化、停车或其他构筑物
不应对人员集散造成障碍

基地

建筑

集散空地面积和长宽尺寸应
根据使用性质和人数确定

大型、特大型交通、文化、
体育、娱乐、商业等建筑

4.2.5 图示 3

4.3 建筑突出物

4.3.1 骑楼、建筑连接体、沿道路红线的悬挑建筑等，不应影响交通、环保及消防安全。

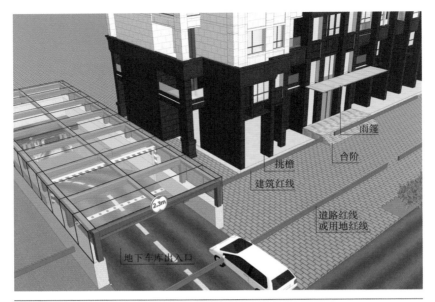

雨篷

台阶

挑檐

建筑红线

道路红线
或用地红线

2.3m

地下车库出入口

4.3.1 图示

4.3.2 经当地规划行政主管部门批准，既有建筑改造工程必须突出道路红线的建筑突出物应符合下列规定：

1 在人行道上空：

    1）2.5m 以下，不应突出凸窗、窗扇、窗罩等建筑构件；2.5m 及以上突出凸窗、窗扇、窗罩时，其深度不应大于 0.6m。

    2）2.5m 以下，不应突出活动遮阳；2.5m 及以上突出活动遮阳时，其宽度不应大于人行道宽度减 1.0m，并不应大于 3.0m。

    3）3.0m 以下，不应突出雨篷、挑檐；3.0m 及以上突出雨篷、挑檐时，其突出的深度不应大于 2.0m。

    4）3.0m 以下，不应突出空调机位；3.0m 及以上突出空调机位时，其突出的深度不应大于 0.6m。

2 在无人行道的路面上空，4.0m 以下不应突出凸窗、窗扇、窗罩、空调机位等建筑构件；4.0m 及以上突出凸窗、窗扇、窗罩、空调机位时，其突出深度不应大于 0.6m。

3 任何建筑突出物与建筑本身均应结合牢固。

4 建筑物和建筑突出物均不得向道路上空直接排泄雨水、空调冷凝水等。

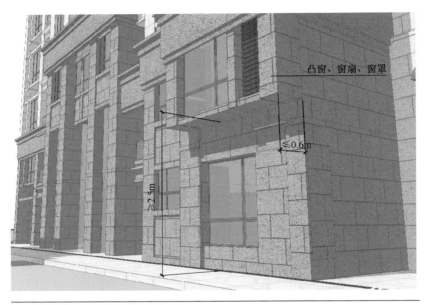

凸窗、窗扇、窗罩

≤0.6m

≥2.5m

4.3.2 图示 1

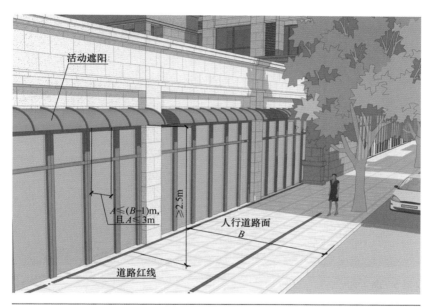

活动遮阳

$A \leqslant (B-1)$m，
且$A \leqslant 3$m

≥2.5m

人行道路面
B

道路红线

4.3.2 图示2

A—凸出道路红线深度；B—人行横道宽度

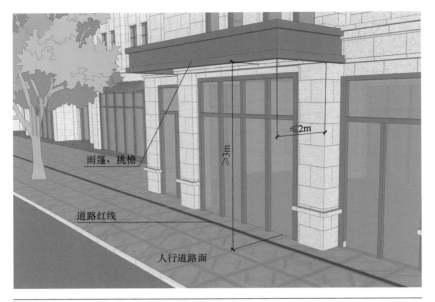

雨篷、挑檐

道路红线

人行道路面

≤2m

≥3m

4.3.2　图示 3

4.3.3 除地下室、窗井、建筑入口的台阶、坡道、雨篷等以外，建（构）筑物的主体不得突出建筑控制线建造。

雨篷
建筑控制线
台阶
建(构)筑物主体不得突出建筑控制线建造

4.3.3 图示

4.3.4 治安岗、公交候车亭，地铁、地下隧道、过街天桥
等相关设施，以及临时性建（构）筑物等，当确有
需要，且不影响交通及消防安全，应经当地规划行
政主管部门批准，可突入道路红线建造。

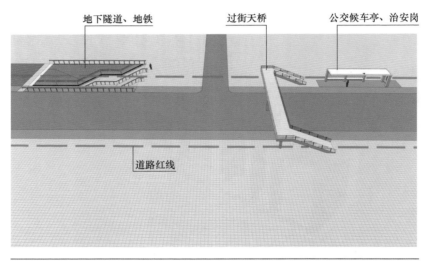

地下隧道、地铁　　　　过街天桥　　　　公交候车亭、治安岗

道路红线

4.3.4　图示

4.3.5 骑楼、建筑连接体和沿道路红线的悬挑建筑的建造，不应影响交通、环保及消防安全。在有顶盖的城市公共空间内，不应设置直接排气的空调机、排气扇等设施或排出有害气体的其他通风系统。

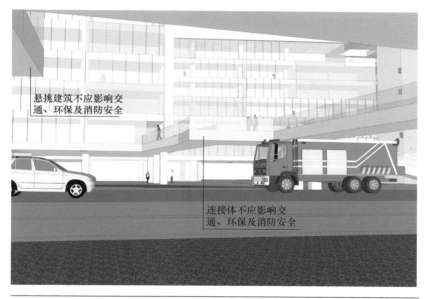

悬挑建筑不应影响交通、环保及消防安全

连接体不应影响交通、环保及消防安全

4.3.5　图示

4.4 建筑连接体

4.4.1 经当地规划及市政主管部门批准，建筑连接体可跨越道路红线、用地红线或建筑控制线建设，属于城市公共交通性质的出入口可在道路红线范围内设置。

4.4.2 建筑连接体可在地下、裙房部位及建筑高空建造，其建设应统筹规划，保障城市公众利益与安全，并不应影响其他人流、车流及城市景观。

4.4.3 地下建筑连接体应满足市政管线及其他基础设施等建设要求。

4.4.4 交通功能的建筑连接体，其净宽不宜大于 9.0m，地上的净宽不宜小于 3.0m，地下的净宽不宜小于 4.0m。其他非交通功能连接体的宽度，宜结合建筑功能按人流疏散需求设置。

4.4.5 建筑连接体在满足其使用功能的同时，还应满足消防疏散及结构安全方面的要求。

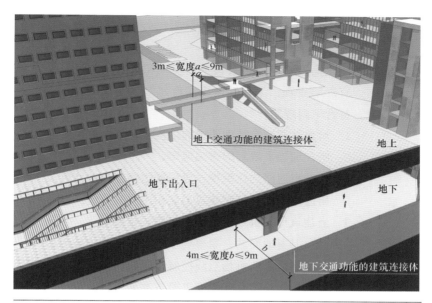

3m≤宽度a≤9m

地上交通功能的建筑连接体

地上

地下出入口

地下

4m≤宽度b≤9m

地下交通功能的建筑连接体

4.4.1～4.4.5　图示

4.5 建筑高度

4.5.1 建筑高度不应危害公共空间安全和公共卫生，且不宜影响景观，下列地区应实行建筑高度控制，并应符合下列规定：

1 对建筑高度有特别要求的地区，建筑高度应符合所在地城乡规划的有关规定；

2 沿城市道路的建筑物，应根据道路红线的宽度及街道空间尺度控制建筑裙楼和主体的高度；

3 当建筑位于机场、电台、电信、微波通信、气象台、卫星地面站、军事要塞工程等设施的技术作业控制区内及机场航线控制范围内时，应按净空要求控制建筑高度及施工设备高度；

4 建筑处在历史文化名城名镇名村、历史文化街区、文物保护单位、历史建筑和风景名胜区、自然保护区的各项建设，应按规划控制建筑高度。

注：建筑高度控制尚应符合所在地城市规划行政主管部门和有关专业部门的规定。

4.5.2 建筑高度的计算应符合下列规定：

1 本标准第 4.5.1 条第 3 款、第 4 款控制区内建筑，建筑高度应以绝对海拔高度控制建筑物室外地面至建筑物和构筑物最高点的高度。

2 非本标准第 4.5.1 条第 3 款、第 4 款控制区内建筑，平屋顶建筑高度应按建筑物主入口场地室外设计地面至建筑女儿墙顶点的高度计算，无女儿墙的建筑物应计算至其屋面檐口；坡屋顶建筑高度应按建筑物室外地面至屋檐和屋脊的平均高度计算；当同一座建筑物有多种屋面形式时，建筑高度应按上述方法分别计算后取其中最大值；下列突出物不计入建筑高度内：

1）局部突出屋面的楼梯间、电梯机房、水箱间等辅助用房占屋顶平面面积不超过 1/4 者；

2）突出屋面的通风道、烟囱、装饰构件、花架、通信设施等；

3）空调冷却塔等设备。

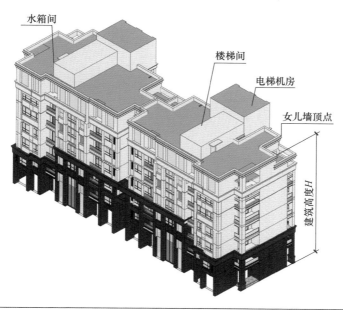

4.5.1 图示

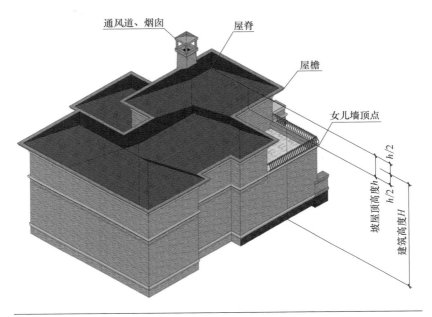

通风道、烟囱　　　屋脊

屋檐

女儿墙顶点

坡屋顶高度h

h/2　h/2

建筑高度H

4.5.2　图示1

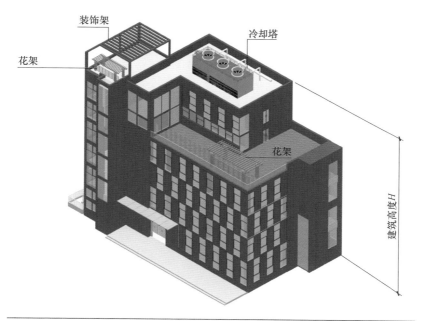
装饰架

花架

冷却塔

花架

建筑高度 H

4.5.2 图示 2

5

场地设计

5.1 建筑布局

5.1.1 建筑布局应使建筑基地内的人流、车流与物流合理分流，防止干扰，并应有利于消防、停车、人员集散以及无障碍设施的设置。

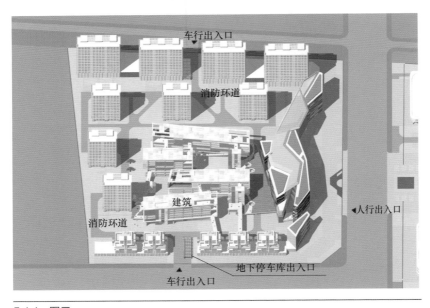

5.1.1 图示

扫码看视频

5.1.2 建筑间距应符合下列规定:

    1   建筑间距应符合现行国家标准《建筑设计防火规范》GB 50016 的规定及当地城市规划要求;

    2   建筑间距应符合本标准第 7.1 节建筑用房天然采光的规定,有日照要求的建筑和场地应符合国家相关日照标准的规定。

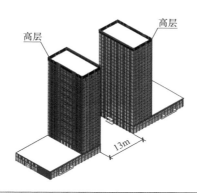

5.1.2　图示 1

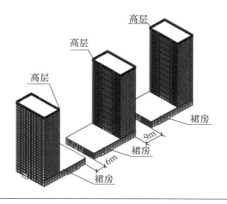

5.1.2　图示 2

5.1.3 建筑布局应根据地域气候特征，防止和抵御寒冷、暑热、疾风、暴雨、积雪和沙尘等灾害侵袭，并应利用自然气流组织好通风，防止不良小气候产生。

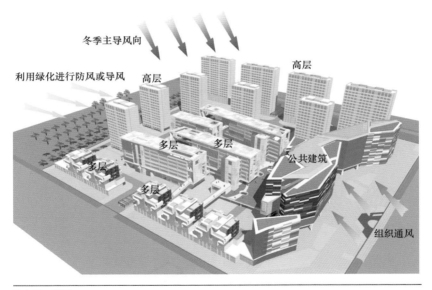

5.1.3　图示

5.1.4 根据噪声源的位置、方向和强度，应在建筑功能分区、道路布置、建筑朝向、距离以及地形、绿化和建筑物的屏障作用等方面采取综合措施，防止或降低环境噪声。

5.1.4　图示

5.1.5 建筑物与各种污染源的卫生距离，应符合国家现行
有关卫生标准的规定。

5.1.6 建筑布局应按国家及地方的相关规定对文物古迹和
古树名木进行保护，避免损毁破坏。

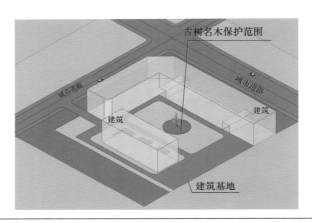

5.1.6　图示 1

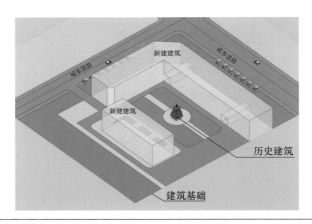

5.1.6　图示 2

5.2 道路与停车场

5.2.1 基地道路应符合下列规定：

1 基地道路与城市道路连接处的车行路面应设限速设施，道路应能通达建筑物的安全出口；

2 沿街建筑应设连通街道和内院的人行通道，人行通道可利用楼梯间，其间距不宜大于 80.0m；

3 当道路改变方向时，路边绿化及建筑物不应影响行车有效视距；

4 当基地内设有地下停车库时，车辆出入口应设置显著标志；标志设置高度不应影响人、车通行；

5 基地内宜设人行道路，大型、特大型交通、文化、娱乐、商业、体育、医院等建筑，居住人数大于 5000 人的居住区等车流量较大的场所应设人行道路。

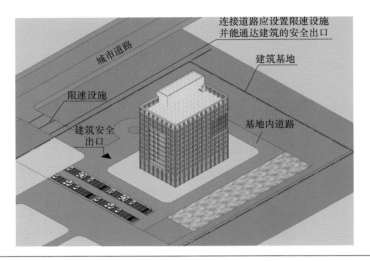

5.2.1 图示 1

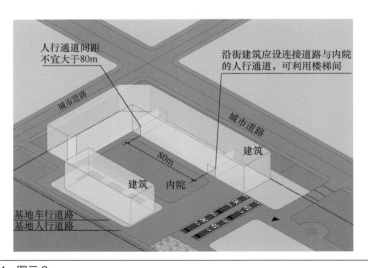

5.2.1 图示 2

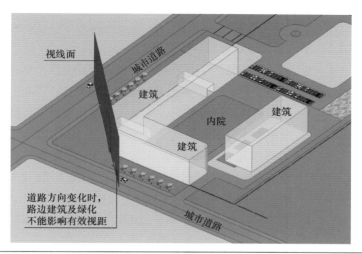

视线面

城市道路

建筑

内院

建筑

建筑

道路方向变化时，
路边建筑及绿化
不能影响有效视距

城市道路

5.2.1 图示 3

标志高度不得影响人车通行

2.3m

地下车库出入口

地下车库出入口前
应设置显著标志

排水沟

5.2.1 图示 4

5.2.2 基地道路设计应符合下列规定：

1 单车道路宽不应小于4.0m，双车道路宽住宅区内不应小于6.0m，其他基地道路宽不应小于7.0m；

2 当道路边设停车位时，应加大道路宽度且不应影响车辆正常通行；

3 人行道路宽度不应小于1.5m，人行道在各路口、入口处的设计应符合现行国家标准《无障碍设计规范》GB 50763的相关规定；

4 道路转弯半径不应小于3.0m，消防车道应满足消防车最小转弯半径要求；

5 尽端式道路长度大于120.0m时，应在尽端设置不小于12.0m×12.0m的回车场地。

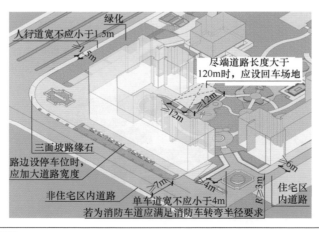

5.2.2 图示
R—道路转弯半径

5.2.3 基地道路与建筑物的关系应符合下列规定：

    1 当道路用作消防车道时，其边缘与建（构）筑物的最小距离应符合现行国家标准《建筑设计防火规范》GB 50016 的相关规定；

    2 基地内不宜设高架车行道路，当设置与建筑平行的高架车行道路时，应采取保护私密性的视距和防噪声的措施。

5.2.4 建筑基地内地下机动车车库出入口与连接道路间宜设置缓冲段，缓冲段应从车库出入口坡道起坡点算起，并应符合下列规定：

    1 出入口缓冲段与基地内道路连接处的转弯半径不宜小于 5.5m；

    2 当出入口与基地道路垂直时，缓冲段长度不应小于 5.5m；

    3 当出入口与基地道路平行时，应设不小于 5.5m 长的缓冲段再汇入基地道路；

    4 当出入口直接连接基地外城市道路时，其缓冲段长度不宜小于 7.5m。

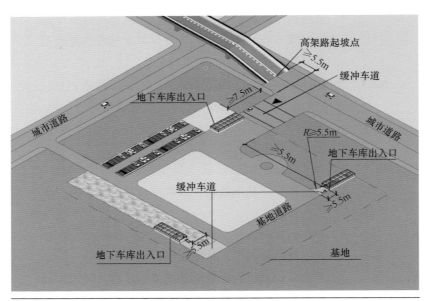

高架路起坡点

≥5.5m

缓冲车道

地下车库出入口

≥7.5m

城市道路

R≥5.5m

≥5.5m

地下车库出入口

城市道路

缓冲车道

≥5.5m

基地道路

地下车库出入口

≥5.5m

基地

5.2.4 图示

R—道路转弯半径

5.2.5 室外机动车停车场应符合下列规定:

   1 停车场地应满足排水要求,排水坡度不应小于
      0.3%;

   2 停车场出入口的设计应避免进出车辆交叉;

   3 停车场应设置无障碍停车位,且设置要求和停车
      位数量应符合现行国家标准《无障碍设计规范》
      GB 50763 的相关规定;

   4 停车场应结合绿化合理布置,可利用乔木遮阳。

5.2.5　图示

5.2.6 室外机动车停车场的出入口数量应符合下列规定：

   1　当停车数为 50 辆及以下时，可设 1 个出入口，宜为双向行驶的出入口；

   2　当停车数为 51 ～ 300 辆时，应设置 2 个出入口，宜为双向行驶的出入口；

   3　当停车数为 301 ～ 500 辆时，应设置 2 个双向行驶的出入口；

   4　当停车数大于 500 辆时，应设置 3 个出入口，宜为双向行驶的出入口。

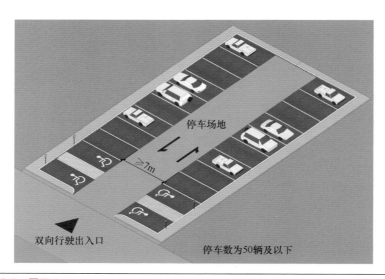

5.2.6　图示 1

5.2.6 图示 2

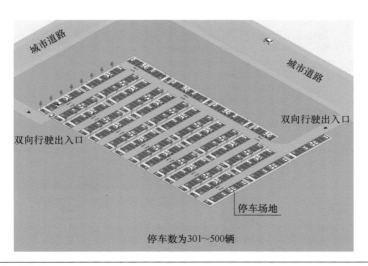

5.2.6 图示 3

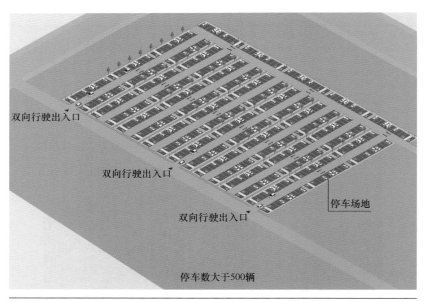

双向行驶出入口

双向行驶出入口

停车场地

双向行驶出入口

停车数大于500辆

5.2.6　图示 4

5.2.7 室外机动车停车场的出入口设置应符合下列规定：

    1 大于 300 辆停车位的停车场，各出入口的间距不应小于 15.0m；

    2 单向行驶的出入口宽度不应小于 4.0m，双向行驶的出入口宽度不应小于 7.0m。

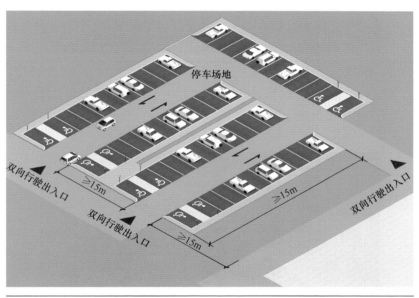

5.2.7　图示 1

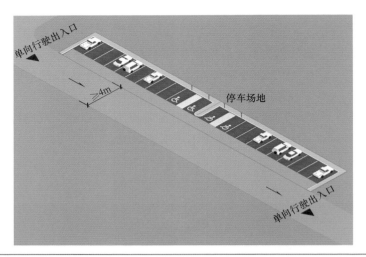

5.2.7 图示 2

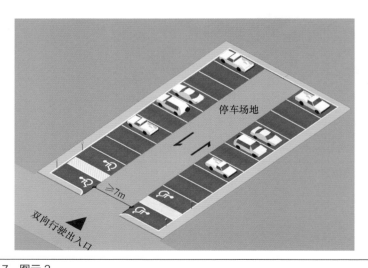

5.2.7 图示 3

5.2.8 室外非机动车停车场应设置在基地边界线以内，出入口不宜设置在交叉路口附近，停车场布置应符合下列规定：

1 停车场出入口宽度不应小于 2.0m；

2 停车数大于等于 300 辆时，应设置不少于 2 个出入口；

3 停车区应分组布置，每组停车区长度不宜超过 20.0m。

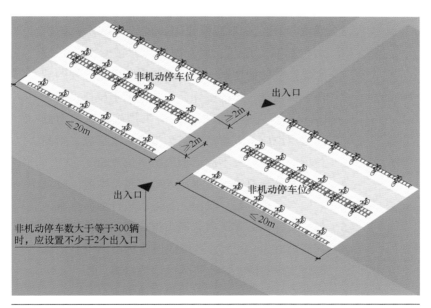

5.2.8 图示

5.3 竖向

5.3.1 建筑基地场地设计应符合下列规定：

1. 当基地自然坡度小于 5% 时，宜采用平坡式布置方式；当大于 8% 时，宜采用台阶式布置方式，台地连接处应设挡墙或护坡；基地临近挡墙或护坡的地段，宜设置排水沟，且坡向排水沟的地面坡度不应小于 1%。

2. 基地地面坡度不宜小于 0.2%；当坡度小于 0.2% 时，宜采用多坡向或特殊措施排水。

3. 场地设计标高不应低于城市的设计防洪、防涝水位标高；沿江、河、湖、海岸或受洪水、潮水泛滥威胁的地区，除设有可靠防洪堤、坝的城市、街区外，场地设计标高不应低于设计洪水位 0.5m，否则应采取相应的防洪措施；有内涝威胁的用地应采取可靠的防、排内涝水措施，否则其场地设计标高不应低于内涝水位 0.5m。

4. 当基地外围有较大汇水汇入或穿越基地时，宜设置边沟或排（截）洪沟，有组织进行地面排水。

5. 场地设计标高宜比周边城市市政道路的最低路段标高高 0.2m 以上；当市政道路标高高于基地标高时，应有防止客水进入基地的措施。

6. 场地设计标高应高于多年最高地下水位。

7. 面积较大或地形较复杂的基地，建筑布局应合理利用地形，减少土石方工程量，并使基地内填挖方量接近平衡。

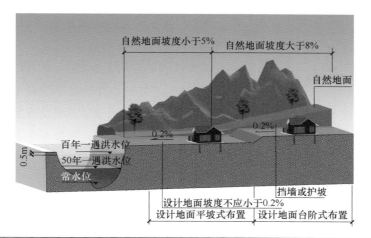

5.3.1 图示 1

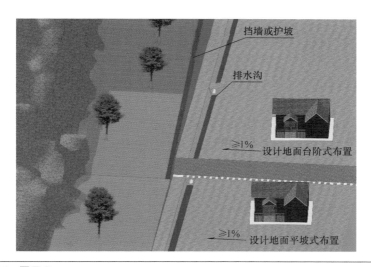

5.3.1 图示 2

5.3.2 建筑基地内道路设计坡度应符合下列规定：

1 基地内机动车道的纵坡不应小于 0.3%，且不应大于 8%，当采用 8% 坡度时，其坡长不应大于 200.0m。当遇特殊困难纵坡小于 0.3% 时，应采取有效的排水措施；个别特殊路段，坡度不应大于 11%，其坡长不应大于 100.0m，在积雪或冰冻地区不应大于 6%，其坡长不应大于 350.0m；横坡宜为 1%～2%。

2 基地内非机动车道的纵坡不应小于 0.2%，最大纵坡不宜大于 2.5%；困难时不应大于 3.5%，当采用 3.5% 坡度时，其坡长不应大于 150.0m；横坡宜为 1%～2%。

3 基地内步行道的纵坡不应小于 0.2%，且不应大于 8%，积雪或冰冻地区不应大于 4%；横坡应为 1%～2%；当大于极限坡度时，应设置为台阶步道。

4 基地内人流活动的主要地段，应设置无障碍通道。

5 位于山地和丘陵地区的基地道路设计纵坡可适当放宽，且应符合地方相关标准的规定，或经当地相关管理部门的批准。

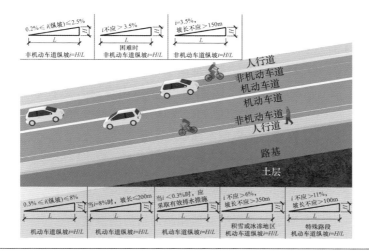

5.3.2 图示1

i—坡度；*H*—高差；*L*—坡长

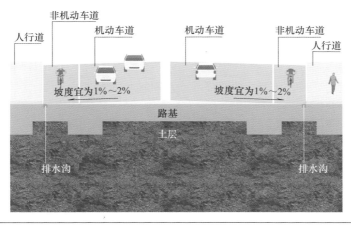

5.3.2 图示2

5.3.3 建筑基地地面排水应符合下列规定：

1 基地内应有排除地面及路面雨水至城市排水系统的措施，排水方式应根据城市规划的要求确定。有条件的地区应充分利用场地空间设置绿色雨水设施，采取雨水回收利用措施。

2 当采用车行道排泄地面雨水时，雨水口形式及数量应根据汇水面积、流量、道路纵坡等确定。

3 单侧排水的道路及低洼易积水的地段，应采取排雨水时不影响交通和路面清洁的措施。

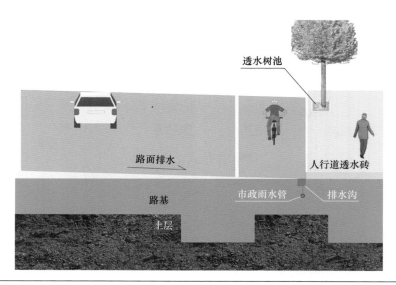

5.3.3 图示

5.3.4 下沉庭院周边和车库坡道出入口处，应设置截水沟。

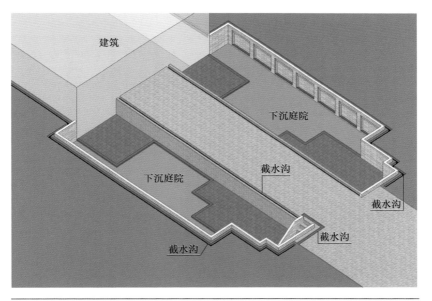

5.3.4 图示

5.3.5 建筑物底层出入口处应采取措施防止室外地面雨水
回流。

为防止雨水回流，室内标高应高于室外标高1，室外标高1应高于室外标高2

5.3.5　图示

5.4 绿化

5.4.1 绿化设计应符合下列规定：

1 绿地指标应符合当地控制性详细规划及城市绿地管理的有关规定。

2 应充分利用实土布置绿地，植物配置应根据当地气候、土壤和环境等条件确定。

3 绿化与建（构）筑物、道路和管线之间的距离，应符合有关标准的规定。

4 应保护自然生态环境，并应对古树名木采取保护措施。

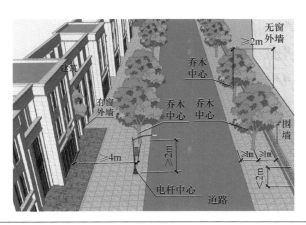

5.4.1　图示1

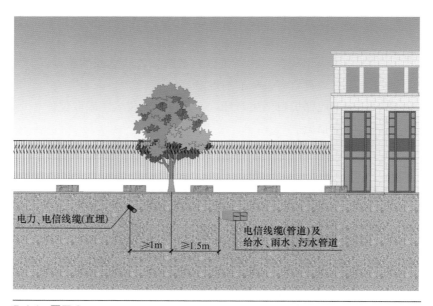

电力、电信线缆(直埋)

≥1m ≥1.5m

电信线缆(管道)及
给水、雨水、污水管道

5.4.1 图示 2

5.4.2 地下建筑顶板上的绿化工程应符合下列规定：

    1 地下建筑顶板上的覆土层宜采取局部开放式，开放边应与地下室外部自然土层相接；并应根据地下建筑顶板的覆土厚度，选择适合生长的植物。

    2 地下建筑顶板设计应满足种植覆土、综合管线及景观和植物生长的荷载要求。

    3 应采用防根穿刺的建筑防水构造。

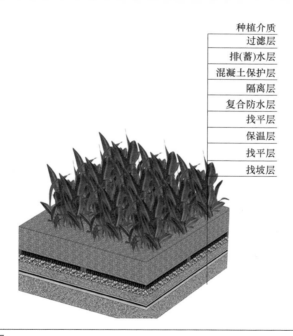

种植介质
过滤层
排(蓄)水层
混凝土保护层
隔离层
复合防水层
找平层
保温层
找平层
找坡层

5.4.2 图示

5.5 工程管线布置

5.5.1 工程管线宜在地下敷设；在地上架空敷设的工程管线及工程管线在地上设置的设施，必须满足消防车辆通行及扑救的要求，不得妨碍普通车辆、行人的正常活动，并应避免对建筑物、景观的影响。

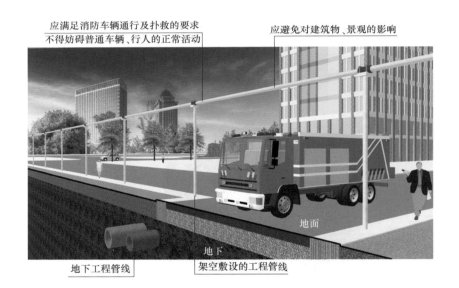

5.5.1 图示

5.5.2 与市政管网衔接的工程管线，其平面位置和竖向标高均应采用城市统一的坐标系统和高程系统。

5.5.3 工程管线的敷设不应影响建筑物的安全，并应防止工程管线受腐蚀、沉陷、振动、外部荷载等影响而损坏。

5.5.4 在管线密集的地段，应根据其不同特性和要求综合布置，宜采用综合管廊布置方式。对安全、卫生、防干扰等有影响的工程管线不应共沟或靠近敷设。互有干扰的管线应设置在综合管廊的不同沟（室）内。

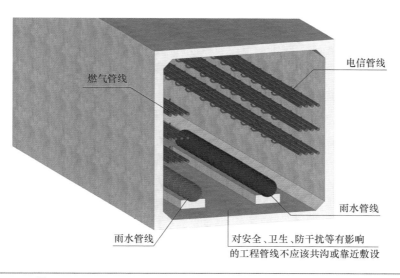

燃气管线

电信管线

雨水管线

雨水管线

对安全、卫生、防干扰等有影响的工程管线不应该共沟或靠近敷设

5.5.4 图示1

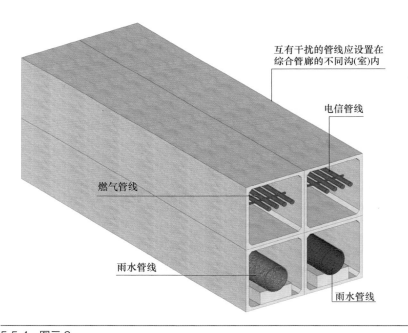

互有干扰的管线应设置在
综合管廊的不同沟(室)内

电信管线

燃气管线

雨水管线

雨水管线

5.5.4　图示2

5.5.5 地下工程管线的走向宜与道路或建筑主体相平行或垂直。工程管线应从建筑物向道路方向由浅至深敷设。干管宜布置在主要用户或支管较多的一侧,工程管线布置应短捷、转弯少,减少与道路、铁路、河道、沟渠及其他管线的交叉,困难条件下其交角不应小于45°。

5.5.5 图示

5.5.6 与道路平行的工程管线不宜设于车行道下；当确有需要时，可将埋深较大、翻修较少的工程管线布置在车行道下。

5.5.7 工程管线之间的水平、垂直净距及埋深，工程管线与建（构）筑物、绿化树种之间的水平净距应符合国家现行有关标准的规定。当受规划、现状制约，难以满足要求时，可根据实际情况采取安全措施后减少其最小水平净距。

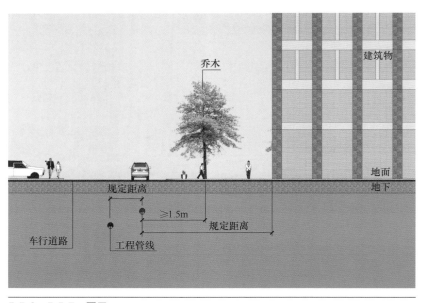

5.5.6、5.5.7　图示

5.5.8 抗震设防烈度 7 度及以上地震区、多年冻土区、严寒地区、湿陷性黄土地区及膨胀土地区的室外工程管线，应符合国家现行有关标准的规定。

5.5.9 各种工程管线不应在平行方向重叠直埋敷设。

5.5.10 工程管线的检查井井盖宜有锁闭装置。

5.5.11 当基地进行分期建设时，应对工程管线做整体规划。前期的工程管线敷设不得影响后期的工程建设。

5.5.12 与基地无关的可燃易爆的市政工程管线不得穿越基地。当基地内已有此类管线时，基地内建筑和人员密集场所应与此类管线保持安全距离。

5.5.13 当室外消防水池设有消防车取水口（井）时，应设置消防车到达取水口（井）的消防车道和消防车回车场地。

6

建
筑
物
设
计

6.1 建筑标定人数的确定

6.1.1 有固定座位等标明使用人数的建筑，应按照标定人数为基数计算配套设施、疏散通道和楼梯及安全出口的宽度。

6.1.2 对无标定人数的建筑应按国家现行有关标准或经调查分析确定合理的使用人数，并应以此为基数计算配套设施、疏散通道和楼梯及安全出口的宽度。

6.1.3 多功能用途的公共建筑中，各种场所有可能同时使用同一出口时，在水平方向应按各部分使用人数叠加计算安全疏散出口和疏散楼梯的宽度；在垂直方向，地上建筑应按楼层使用人数最多一层计算以下楼层安全疏散楼梯的宽度，地下建筑应按楼层使用人数最多一层计算以上楼层安全疏散楼梯的宽度。

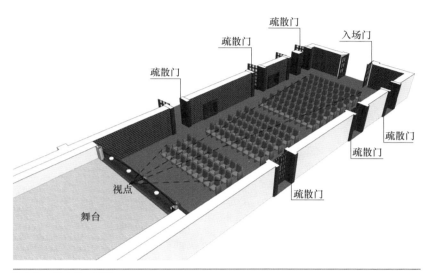

6.1.1～6.1.3　图示

扫码看视频

6.2 平面布置

6.2.1 建筑平面应根据建筑的使用性质、功能、工艺等要求合理布局,并具有一定的灵活性。

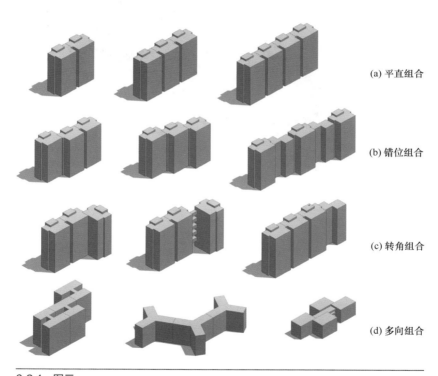

(a) 平直组合

(b) 错位组合

(c) 转角组合

(d) 多向组合

6.2.1 图示

6.2.2 根据使用功能，建筑的使用空间应充分利用日照、采光、通风和景观等自然条件。对有私密性要求的房间，应防止视线干扰。

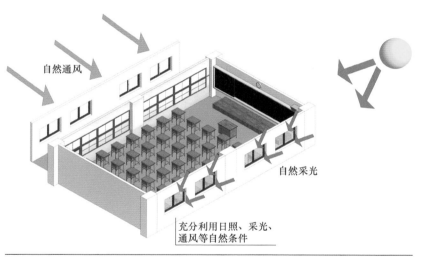

6.2.2 图示 1

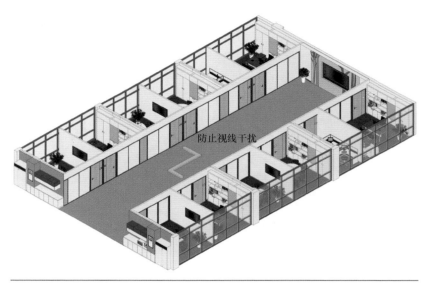

防止视线干扰

6.2.2　图示 2

6.2.3 建筑出入口应根据场地条件、建筑使用功能、交通组织以及安全疏散等要求进行设置。

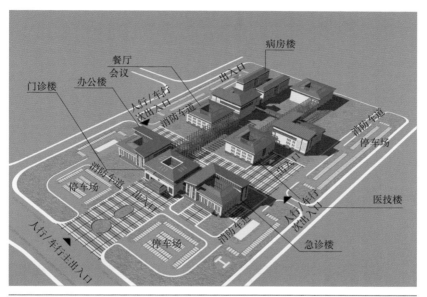

6.2.3　图示

6.2.4 地震区的建筑平面布置宜规整。

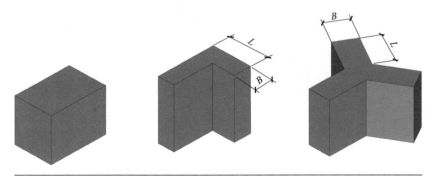

6.2.4 图示

L—建筑面宽;*B*—建筑进深

6.3 层高和室内净高

6.3.1 建筑层高应结合建筑使用功能、工艺要求和技术经济条件等综合确定，并符合国家现行相关建筑设计标准的规定。

6.3.2 室内净高应按楼地面完成面至吊顶、楼板或梁底面之间的垂直距离计算；当楼盖、屋盖的下悬构件或管道底面影响有效使用空间时，应按楼地面完成面至下悬构件下缘或管道底面之间的垂直距离计算。

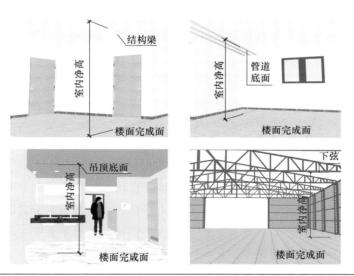

6.3.2 图示

6.3.3 建筑用房的室内净高应符合国家现行相关建筑设计标准的规定，地下室、局部夹层、走道等有人员正常活动的最低处净高不应小于 2.0m。

6.4 地下室和半地下室

6.4.1 地下室和半地下室应合理布置地下停车库、地下人防工程、各类设备用房等功能空间及其出入口，出入口、进排风竖井的地面建（构）筑物应与周边环境协调。

6.4.2 地下建筑连接体的设计应符合城市地下空间规划的相关规定，并应做到导向清晰、流线简捷，防火分区与管理等界线明确。

6.4.3 地下室和半地下室的建造不得影响相邻建（构）筑物、市政管线等的安全。

6.4.4 当日常为人员使用时，地下室和半地下室应满足安全、卫生及节能的要求，且宜利用窗井或下沉庭院等进行自然通风和采光。其他功能的地下室和半地下室应符合国家现行有关标准的规定。

室内

室外

窗井

主体结构

垫层

排水管

6.4.4　图示

6.4.5 地下室和半地下室外围护结构应规整，其防水等级及技术要求应符合现行国家标准《地下工程防水技术规范》GB 50108 的规定，并应符合下列规定：

　　1　应设排水设施；

　　2　出入口、窗井、下沉庭院、风井等应有防止涌水、倒灌的措施。

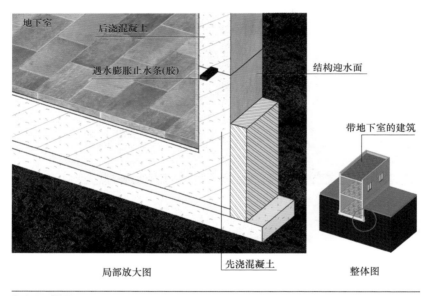

地下室

后浇混凝土

遇水膨胀止水条(胶)

结构迎水面

带地下室的建筑

局部放大图

先浇混凝土

整体图

6.4.5　图示

6.4.6 地下室和半地下室的耐火等级、防火分区、安全疏散、防排烟设施、房间内部装修等应符合现行国家标准《建筑设计防火规范》GB 50016 的有关规定。

6.4.7 地下室不应布置居室；当居室布置在半地下室时，必须采取满足采光、通风、日照、防潮、防霉及安全防护等要求的相关措施。

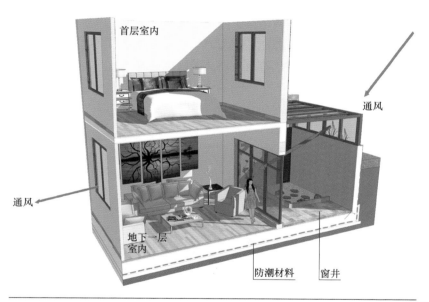

6.4.7 图示

6.5 设备层、避难层和架空层

6.5.1 设备层设置应符合下列规定：

1 设备层的净高应根据设备和管线的安装检修需要确定；

2 设备层的布置应便于设备的进出和检修操作；

3 在安全及卫生等方面互有影响的设备用房不宜相邻布置；

4 应采取有效的措施，防止有振动和噪声的设备对设备层上、下层或毗邻的使用空间产生不利影响；

5 设备层应有自然通风或机械通风。

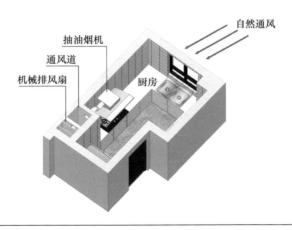

6.5.1 图示1

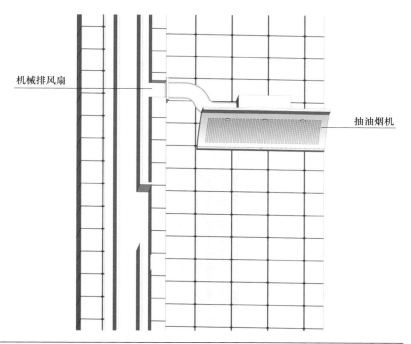

机械排风扇

抽油烟机

6.5.1　图示 2

6.5.2 避难层的设置应符合现行国家标准《建筑设计防火规范》GB 50016 的规定，并应符合下列规定：

1 避难层在满足避难面积的情况下，避难区外的其他区域可兼作设备用房等空间，但各功能区应相对独立，并应满足防火、隔振、隔声等的要求；

2 避难层的净高不应低于 2.0m。当避难层兼顾其他功能时，应根据功能空间的需要来确定净高。

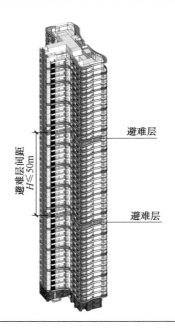

6.5.2 图示 1

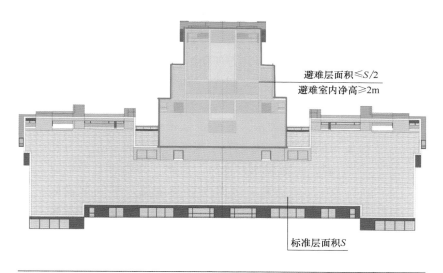

避难层面积≤S/2
避难室内净高≥2m

标准层面积S

6.5.2 图示2

6.5.3 有人员正常活动的架空层的净高不应低于 2.0m。

6.6 厕所、卫生间、盥洗室、浴室和母婴室

6.6.1 厕所、卫生间、盥洗室和浴室的位置应符合下列规定：

1 厕所、卫生间、盥洗室和浴室应根据功能合理布置，位置选择应方便使用、相对隐蔽，并应避免所产生的气味、潮气、噪声等影响或干扰其他房间。室内公共厕所的服务半径应满足不同类型建筑的使用要求，不宜超过50.0m。

2 在食品加工与贮存、医药及其原材料生产与贮存、生活供水、电气、档案、文物等有严格卫生、安全要求房间的直接上层，不应布置厕所、卫生间、盥洗室、浴室等有水房间；在餐厅、医疗用房等有较高卫生要求用房的直接上层，应避免布置厕所、卫生间、盥洗室、浴室等有水房间，否则应采取同层排水和严格的防水措施。

3 除本套住宅外，住宅卫生间不应布置在下层住户的卧室、起居室、厨房和餐厅的直接上层。

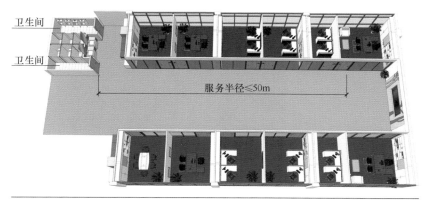

卫生间

卫生间

服务半径≤50m

6.6.1 图示

6.6.2 卫生器具配置的数量应符合国家现行相关建筑设计标准的规定。男女厕位的比例应根据使用特点、使用人数确定。在男女使用人数基本均衡时，男厕厕位（含大、小便器）与女厕厕位数量的比例宜为 $1:1 \sim 1:1.5$；在商场、体育场馆、学校、观演建筑、交通建筑、公园等场所，厕位数量比不宜小于 $1:1.5 \sim 1:2$。

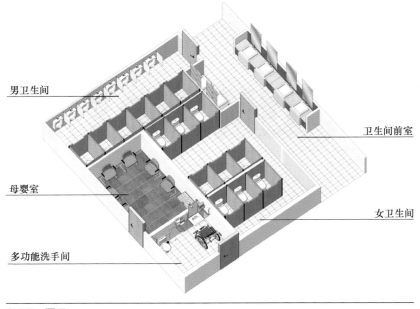

男卫生间

母婴室

多功能洗手间

卫生间前室

女卫生间

6.6.2 图示

6.6.3 厕所、卫生间、盥洗室和浴室的平面布置应符合下列规定：

    1 厕所、卫生间、盥洗室和浴室的平面设计应合理布置卫生洁具及其使用空间，管道布置应相对集中、隐蔽。有无障碍要求的卫生间应满足国家现行有关无障碍设计标准的规定。

    2 公共厕所、公共浴室应防止视线干扰，宜分设前室。

    3 公共厕所宜设置独立的清洁间。

    4 公共活动场所宜设置独立的无性别厕所，且同时设置成人和儿童使用的卫生洁具。无性别厕所可兼做无障碍厕所。

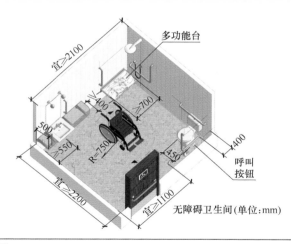

6.6.3 图示

6.6.4 厕所和浴室隔间的平面尺寸应根据使用特点合理确
定，并不应小于表 6.6.4 的规定。交通客运站和大
中型商店等建筑物的公共厕所，宜加设婴儿尿布台
和儿童固定座椅。交通客运站厕位隔间应考虑行李
放置空间，其进深尺寸宜加大 0.2m，便于放置行
李。儿童使用的卫生器具应符合幼儿人体工程学的
要求。无障碍专用浴室隔间的尺寸应符合现行国家
标准《无障碍设计规范》GB 50763 的规定。

表 6.6.4 厕所和浴室隔间的平面尺寸

类别	平面尺寸（宽度 m× 深度 m）
外开门的厕所隔间	0.9×1.2（蹲便器） 0.9×1.3（坐便器）
内开门的厕所隔间	0.9×1.4（蹲便器） 0.9×1.5（坐便器）
医院患者专用厕所隔间（外开门）	1.1×1.5（门闩应能里外开启）
无障碍厕所隔间（外开门）	1.5×2.0（不应小于 1.0×1.8）
外开门淋浴隔间	1.0×1.2（或 1.1×1.1）
内设更衣凳的淋浴隔间	1.0×（1.0+0.6）

6.6.5 卫生设备间距应符合下列规定：

1 洗手盆或盥洗槽水嘴中心与侧墙面净距不应小于 0.55m；居住建筑洗手盆水嘴中心与侧墙面净距不应小于 0.35m。

2 并列洗手盆或盥洗槽水嘴中心间距不应小于 0.7m。

3 单侧并列洗手盆或盥洗槽外沿至对面墙的净距不应小于 1.25m；居住建筑洗手盆外沿至对面墙的净距不应小于 0.6m。

4 双侧并列洗手盆或盥洗槽外沿之间的净距不应小于 1.8m。

5 并列小便器的中心距离不应小于 0.7m，小便器之间宜加隔板，小便器中心距侧墙或隔板的距离不应小于 0.35m，小便器上方宜设置搁物台。

6 单侧厕所隔间至对面洗手盆或盥洗槽的距离，当采用内开门时，不应小于 1.3m；当采用外开门时，不应小于 1.5m。

7 单侧厕所隔间至对面墙面的净距，当采用内开门时不应小于 1.1m，当采用外开门时不应小于 1.3m；双侧厕所隔间之间的净距，当采用内开门时不应小于 1.1m，当采用外开门时不应小于 1.3m。

8 单侧厕所隔间至对面小便器或小便槽的外沿的净距，当采用内开门时不应小 1.1m，当采用外开门时不应小于 1.3m；小便器或小便槽双侧布置时，外沿之间的净距不应小于 1.3m（小便器的进深最小尺寸为 350mm）。

9 浴盆长边至对面墙面的净距不应小于 0.65m；无障碍盆浴间短边净宽度不应小于 2.0m，并应在浴盆一端设置方便进入和使用的坐台，其深度不应小于 0.4m。

6.6.5　图示 1

6.6.5 图示 2

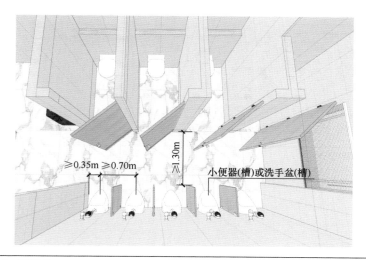

6.6.5 图示 3

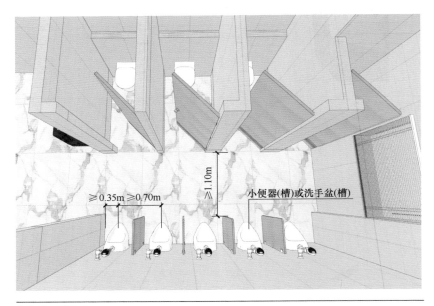

≥0.35m ≥0.70m

≥1.10m

小便器(槽)或洗手盆(槽)

6.6.5　图示 4

6.6.6 在交通客运站、高速公路服务站、医院、大中型商店、博览建筑、公园等公共场所应设置母婴室，办公楼等工作场所的建筑物内宜设置母婴室。母婴室应符合下列规定：

1 母婴室应为独立房间且使用面积不宜低于 10.0m²；

2 母婴室应设置洗手盆、婴儿尿布台及桌椅等必要的家具；

3 母婴室的地面应采用防滑材料铺装。

6.6.6 图示

6.7 台阶、坡道和栏杆

6.7.1 台阶设置应符合下列规定：

    1 公共建筑室内外台阶踏步宽度不宜小于 0.3m，踏步高度不宜大于 0.15m，且不宜小于 0.1m；

    2 踏步应采取防滑措施；

    3 室内台阶踏步数不宜少于 2 级，当高差不足 2 级时，宜按坡道设置；

    4 台阶总高度超过 0.7m 时，应在临空面采取防护设施；

    5 阶梯教室、体育场馆和影剧院观众厅纵走道的台阶设置应符合国家现行相关标准的规定。

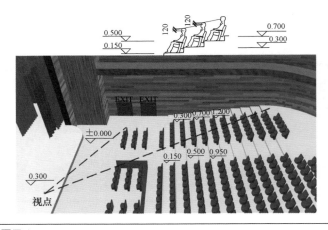

6.7.1 图示 1

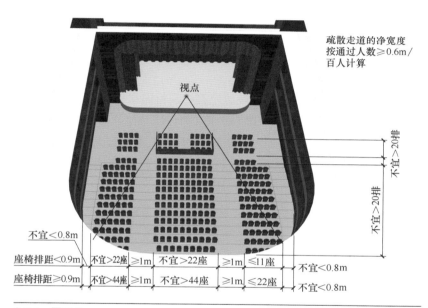

疏散走道的净宽度
按通过人数≥0.6m/
百人计算

视点

不宜>20排

不宜>20排

不宜>20排

不宜<0.8m

座椅排距<0.9m | 不宜>22座 | ≥1m | 不宜>22座 | ≥1m | ≤11座 | 不宜<0.8m

座椅排距≥0.9m | 不宜>44座 | ≥1m | 不宜>44座 | ≥1m | ≤22座 | 不宜<0.8m

6.7.1　图示2

6.7.2 坡道设置应符合下列规定：

1 室内坡道坡度不宜大于 1∶8，室外坡道坡度不宜大于 1∶10；

2 当室内坡道水平投影长度超过 15.0m 时，宜设休息平台，平台宽度应根据使用功能或设备尺寸所需缓冲空间而定；

3 坡道应采取防滑措施；

4 当坡道总高度超过 0.7m 时，应在临空面采取防护设施；

5 供轮椅使用的坡道应符合现行国家标准《无障碍设计规范》GB 50763 的有关规定；

6 机动车和非机动车使用的坡道应符合现行行业标准《车库建筑设计规范》JGJ 100 的有关规定。

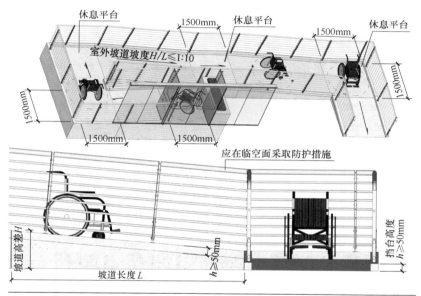

休息平台　　　1500mm　休息平台　　　1500mm　休息平台

室外坡道坡度H/L≤1:10

1500mm

1500mm　　　1500mm

1500mm

应在临空面采取防护措施

坡道高差H

坡道长度L

h≥50mm

挡台高度h≥50mm

6.7.2　图示

6.7.3 阳台、外廊、室内回廊、内天井、上人屋面及室外楼梯等临空处应设置防护栏杆，并应符合下列规定：

1 栏杆应以坚固、耐久的材料制作，并应能承受现行国家标准《建筑结构荷载规范》GB 50009 及其他国家现行相关标准规定的水平荷载。

2 当临空高度在 24.0m 以下时，栏杆高度不应低于 1.05m；当临空高度在 24.0m 及以上时，栏杆高度不应低于 1.1m。上人屋面和交通、商业、旅馆、医院、学校等建筑临开敞中庭的栏杆高度不应小于 1.2m。

3 栏杆高度应从所在楼地面或屋面至栏杆扶手顶面垂直高度计算，当底面有宽度大于或等于 0.22m，且高度低于或等于 0.45m 的可踏部位时，应从可踏部位顶面起算。

4 公共场所栏杆离地面 0.1m 高度范围内不宜留空。

防护栏杆

防护栏杆高度B≥1.1m
(临空高度H≥24m)
防护栏杆高度B≥1.05m
(临空高度H<24m)

外廊

室外楼梯

防护栏杆

6.7.3 图示

6.7.4 少年儿童专用活动场所的栏杆必须采取防止攀爬的构造。当采用垂直杆件做栏杆时，其杆件净间距不应大于 0.11m。

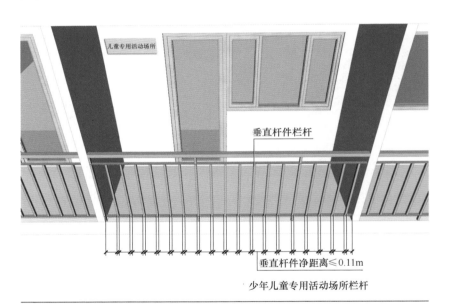

儿童专用活动场所

垂直杆件栏杆

垂直杆件净距离≤0.11m

少年儿童专用活动场所栏杆

6.7.4 图示

6.8 楼梯

6.8.1 楼梯的数量、位置、梯段净宽和楼梯间形式应满足使用方便和安全疏散的要求。

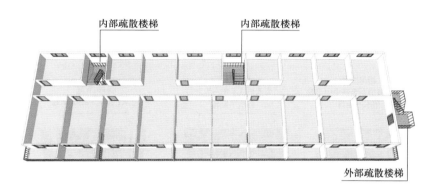

内部疏散楼梯　　　内部疏散楼梯

外部疏散楼梯

6.8.1　图示

6.8.2 当一侧有扶手时，梯段净宽应为墙体装饰面至扶手中心线的水平距离，当双侧有扶手时，梯段净宽应为两侧扶手中心线之间的水平距离。当有凸出物时，梯段净宽应从凸出物表面算起。

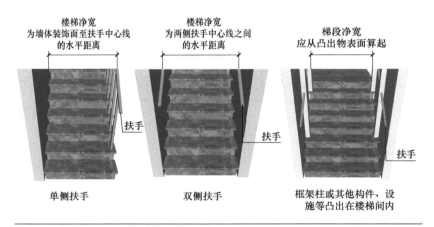

6.8.2 图示

6.8.3 梯段净宽除应符合现行国家标准《建筑设计防火规范》GB 50016 及国家现行相关专用建筑设计标准的规定外，供日常主要交通用的楼梯的梯段净宽应根据建筑物使用特征，按每股人流宽度为 0.55m +（0～0.15）m 的人流股数确定，并不应少于两股人流。（0～0.15）m 为人流在行进中人体的摆幅，公共建筑人流众多的场所应取上限值。

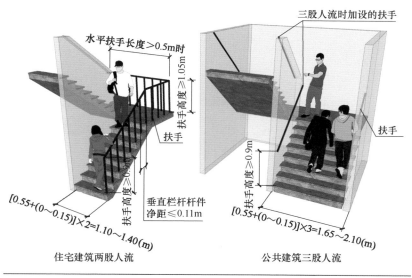

住宅建筑两股人流　　　　公共建筑三股人流

6.8.3、6.8.7～6.8.9　图示

6.8.4 当梯段改变方向时，扶手转向端处的平台最小宽度不应小于梯段净宽，并不得小于1.2m。当有搬运大型物件需要时，应适量加宽。直跑楼梯的中间平台宽度不应小于0.9m。

6.8.5 每个梯段的踏步级数不应少于3级，且不应超过18级。

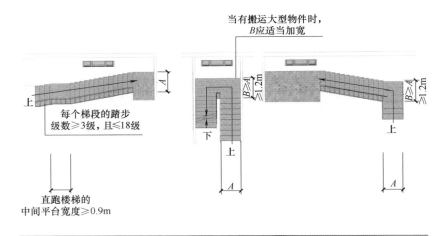

6.8.4、6.8.5 图示

A—梯段宽度；*B*—扶手转向端处平台最小宽度

6.8.6 公共楼梯休息平台上部及下部过道处的净高不应小于 2.0m，梯段净高不应小于 2.2m。

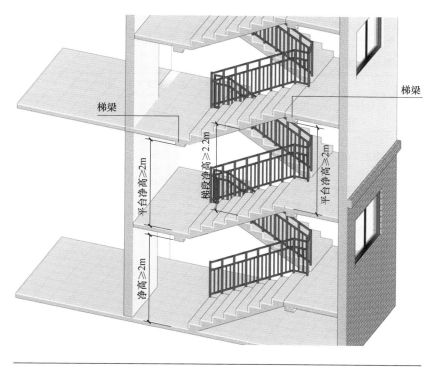

梯梁

梯梁

平台净高≥2m

梯段净高≥2.2m

平台净高≥2m

净高≥2m

6.8.6 图示

6.8.7 楼梯应至少于一侧设扶手，梯段净宽达三股人流时应两侧设扶手，达四股人流时宜加设中间扶手。

6.8.8 室内楼梯扶手高度自踏步前缘线量起不宜小于0.9m。楼梯水平栏杆或栏板长度大于0.5m时，其高度不应小于1.05m。

6.8.9 **托儿所、幼儿园、中小学校及其他少年儿童专用活动场所，当楼梯井净宽大于0.2m时，必须采取防止少年儿童坠落的措施。**

6.8.10 楼梯踏步的宽度和高度应符合表6.8.10的规定。

表 6.8.10 楼梯踏步最小宽度和最大高度（m）

楼梯类别	最小宽度	最大高度
以楼梯作为主要垂直交通的公共建筑、非住宅类居住建筑的楼梯	0.26	0.165
住宅建筑公共楼梯、以电梯作为主要垂直交通的多层公共建筑和高层建筑裙房的楼梯	0.26	0.175
以电梯作为主要垂直交通的高层和超高层建筑楼梯	0.25	0.180

注：表中公共建筑及非住宅类居住建筑不包括托儿所、幼儿园、中小学及老年人照料设施。

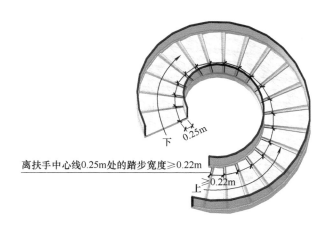

离扶手中心线0.25m处的踏步宽度≥0.22m

6.8.10 图示

6.8.11 梯段内每个踏步高度、宽度应一致，相邻梯段的踏步高度、宽度宜一致。

6.8.12 当同一建筑地上、地下为不同使用功能时，楼梯踏步高度和宽度可分别按本标准表 6.8.10 的规定执行。

6.8.13 踏步应采取防滑措施。

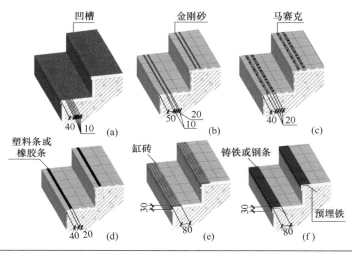

6.8.13 图示

6.8.14 当专用建筑设计标准对楼梯有明确规定时，应按国家现行专用建筑设计标准的规定执行。

6.9 电梯、自动扶梯和自动人行道

6.9.1 电梯设置应符合下列规定：

1 电梯不应作为安全出口；

2 电梯台数和规格应经计算后确定并满足建筑的使用特点和要求；

3 高层公共建筑和高层宿舍建筑的电梯台数不宜少于 2 台，12 层及 12 层以上的住宅建筑的电梯台数不应少于 2 台，并应符合现行国家标准《住宅设计规范》GB 50096 的规定；

4 电梯的设置，单侧排列时不宜超过 4 台，双侧排列时不宜超过 2 排 ×4 台；

5 高层建筑电梯分区服务时，每服务区的电梯单侧排列时不宜超过 4 台，双侧排列时不宜超过 2 排 ×4 台；

6 当建筑设有电梯目的地选层控制系统时，电梯单侧排列或双侧排列的数量可超出本条第 4 款、第 5 款的规定合理设置；

7 电梯候梯厅的深度应符合表 6.9.1 的规定；

表 6.9.1 候梯厅深度

电梯类别	布置方式	候梯厅深度
住宅电梯	单台	$\geq B$，且 ≥ 1.5m
	多台单侧排列	$\geq B_{max}$，且 ≥ 1.8m
	多台双侧排列	$\geq$相对电梯 B_{max} 之和，且 < 3.5m
公共建筑电梯	单台	$\geq 1.5B$，且 ≥ 1.8m
	多台单侧排列	$\geq 1.5B_{max}$，且 ≥ 2.0m 当电梯群为 4 台时应 ≥ 2.4m
	多台双侧排列	$\geq$相对电梯 B_{max} 之和，且 < 4.5m
病床电梯	单台	$\geq 1.5B$
	多台单侧排列	$\geq 1.5B_{max}$
	多台双侧排列	$\geq$相对电梯 B_{max} 之和

注：B 为轿厢深度；B_{max} 为电梯群中最大轿厢深度。

8 电梯不应在转角处贴邻布置，且电梯井不宜被楼梯环绕设置；

9 电梯井道和机房不宜与有安静要求的用房贴邻布置，否则应采取隔振、隔声措施；

10 电梯机房应有隔热、通风、防尘等措施，宜有自然采光，不得将机房顶板作水箱底板及在机房内直接穿越水管或蒸汽管；

11 消防电梯的布置应符合现行国家标准《建筑设计防火规范》GB 50016 的有关规定；

12 专为老年人及残疾人使用的建筑，其乘客电梯应设置监控系统，梯门宜装可视窗，并应符合现行国家标准《无障碍设计规范》GB 50763 的有关规定。

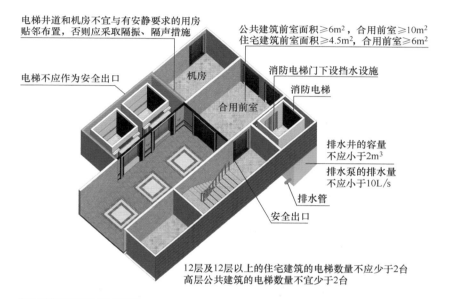

电梯井道和机房不宜与有安静要求的用房
贴邻布置，否则应采取隔振、隔声措施

公共建筑前室面积≥6m²，合用前室≥10m²
住宅建筑前室面积≥4.5m²，合用前室≥6m²

电梯不应作为安全出口

机房

消防电梯门下设挡水设施

合用前室

消防电梯

排水井的容量
不应小于2m³

排水泵的排水量
不应小于10L/s

排水管

安全出口

12层及12层以上的住宅建筑的电梯数量不应少于2台
高层公共建筑的电梯数量不宜少于2台

6.9.1　图示1

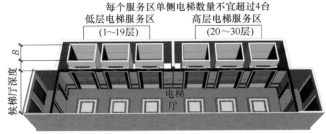

每个服务区单侧电梯数量不宜超过4台

低层电梯服务区　　　高层电梯服务区
　　(1～19层)　　　　　(20～30层)

高层建筑每个服务区单侧电梯数量

类型	限值
住宅电梯多台单侧布置	候梯厅深度$\geq B_{max}$，且$\geq 1.8m$
公建电梯多台单侧布置	候梯厅深度$\geq 1.5B$，且$\geq 2.0m$ 电梯群为4台时应$\geq 2.4m$
病床电梯多台单侧布置	候梯厅深度$\geq 1.5B_{max}$

6.9.1　图示 2

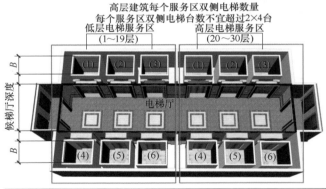

高层建筑每个服务区双侧电梯数量
每个服务区双侧电梯台数不宜超过2×4台

低层电梯服务区　　　高层电梯服务区
　　(1～19层)　　　　　(20～30层)

类型	限值
住宅电梯多台双侧布置	候梯厅深度$\geq$相对电梯B_{max}之和，且小于3.5m
公建电梯多台双侧布置	候梯厅深度$\geq$相对电梯B_{max}之和，且小于4.5m
病床电梯多台双侧布置	候梯厅深度$\geq$相对电梯B_{max}之和

6.9.1　图示 3

6.9.2 自动扶梯、自动人行道应符合下列规定：

1 自动扶梯和自动人行道不应作为安全出口。

2 出入口畅通区的宽度从扶手带端部算起不应小于 2.5m，人员密集的公共场所其畅通区宽度不宜小于 3.5m。

3 扶梯与楼层地板开口部位之间应设防护栏杆或栏板。

4 栏板应平整、光滑和无突出物；扶手带顶面距自动扶梯前缘、自动人行道踏板面或胶带面的垂直高度不应小于 0.9m。

5 扶手带中心线与平行墙面或楼板开口边缘间的距离：当相邻平行交叉设置时，两梯（道）之间扶手带中心线的水平距离不应小于 0.5m，否则应采取措施防止障碍物引起人员伤害。

6 自动扶梯的梯级、自动人行道的踏板或胶带上空，垂直净高不应小于 2.3m。

7 自动扶梯的倾斜角不宜超过 30°，额定速度不宜大于 0.75m/s；当提升高度不超过 6.0m，倾斜角小于等于 35°时，额定速度不宜大于 0.5m/s；当自动扶梯速度大于 0.65m/s 时，在其端部应有不小于 1.6m 的水平移动距离作为导向行程段。

8 倾斜式自动人行道的倾斜角不应超过 12°，额定速度不应大于 0.75m/s。当踏板的宽度不大于 1.1m，并且在两端出入口踏板或胶带进入梳齿板之前的水平距离不小于 1.6m 时，自动人行道的最大额定速度可达到 0.9m/s。

9 当自动扶梯和层间相通的自动人行道单向设置时，应就近布置相匹配的楼梯。

10 设置自动扶梯或自动人行道所形成的上下层贯通空间，应符合现行国家标准《建筑设计防火规范》GB 50016 的有规定。

11 当自动扶梯或倾斜式自动人行道呈剪刀状相对布置时，以及与楼板、梁开口部位侧边交错部位，应在产生的锐角口前部 1.0m 范围内设置防夹、防剪的预警阻挡设施。

12 自动扶梯和自动人行道宜根据负载状态（无人、少人、多数人、载满人）自动调节为低速或全速的运行方式。

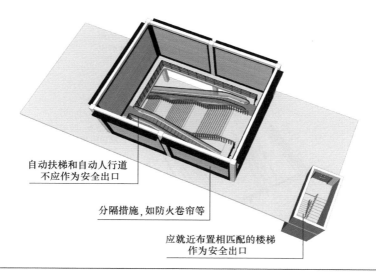

自动扶梯和自动人行道
不应作为安全出口

分隔措施,如防火卷帘等

应就近布置相匹配的楼梯
作为安全出口

6.9.2　图示1

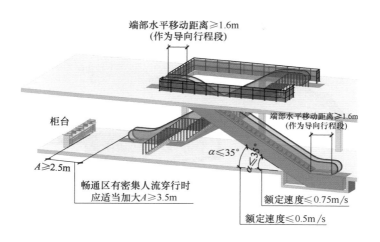

端部水平移动距离≥1.6m
(作为导向行程段)

端部水平移动距离≥1.6m
(作为导向行程段)

柜台

$\alpha\leqslant35°$

$\alpha\leqslant35°$

$A\geqslant2.5m$

畅通区有密集人流穿行时
应适当加大$A\geqslant3.5m$

额定速度≤0.75m/s

额定速度≤0.5m/s

6.9.2　图示2

A—畅通区宽度;α—自动扶梯斜角

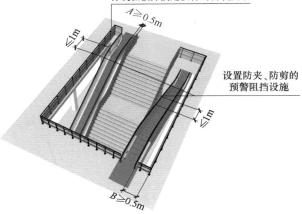

临空高度 ≥9m时，宜在其临空一侧加装高度不小于1.2m的防护栏杆或栏板并满足扶梯的荷载要求

$A\geqslant0.5m$

≤1m

设置防夹、防剪的预警阻挡设施

≤1m

$B\geqslant0.5m$

6.9.2 图示 3

A—相邻两梯扶手带中心线的水平距离；B—扶手带中心线与楼板开口边缘的距离

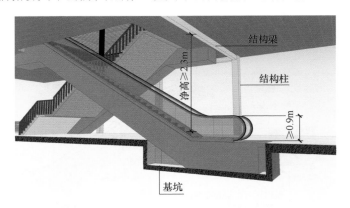

结构梁

结构柱

净高 ≥2.3m

≥0.9m

基坑

6.9.2 图示 4

6.10 墙身和变形缝

6.10.1 墙身应根据其在建筑物中的位置、作用和受力状态确定墙体厚度、材料及构造做法，材料的选择应因地制宜。

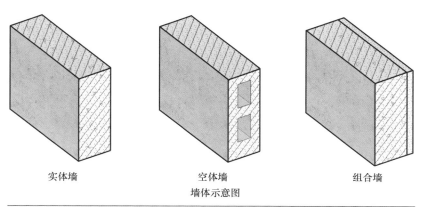

实体墙　　　　　　空体墙　　　　　　组合墙

墙体示意图

6.10.1 图示

6.10.2 外墙应根据当地气候条件和建筑使用要求，采取保温、隔热、隔声、防火、防水、防潮和防结露等措施，并应符合国家现行相关标准的规定。

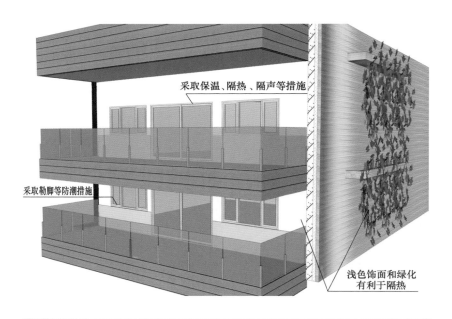

采取保温、隔热、隔声等措施

采取勒脚等防潮措施

浅色饰面和绿化有利于隔热

6.10.2 图示

6.10.3 墙身防潮、防渗及防水等应符合下列规定：

   1 砌筑墙体应在室外地面以上、位于室内地面垫层处设置连续的水平防潮层；室内相邻地面有高差时，应在高差处墙身贴邻土壤一侧加设防潮层；

   2 室内墙面有防潮要求时，其迎水面一侧应设防潮层；室内墙面有防水要求时，其迎水面一侧应设防水层；

   3 防潮层采用的材料不应影响墙体的整体抗震性能；

   4 室内墙面有防污、防碰等要求时，应按使用要求设置墙裙；

   5 外窗台应采取防水排水构造措施；

   6 外墙上空调室外机搁板应组织好冷凝水的排放，并采取防雨水倒灌及外墙防潮的构造措施；

   7 外墙上空调室外机的位置应便于安装和检修。

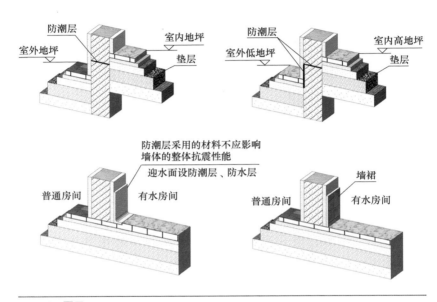

6.10.3 图示

6.10.4　在外墙的洞口、门窗等处应采取防止产生变形裂缝的加固措施。

6.10.5　变形缝包括伸缩缝、沉降缝和抗震缝等，其设置应符合下列规定：

1　变形缝应按设缝的性质和条件设计，使其在产生位移或变形时不受阻，且不破坏建筑物；

2　根据建筑使用要求，变形缝应分别采取防水、防火、保温、隔声、防老化、防腐蚀、防虫害和防脱落等构造措施；

3　变形缝不应穿过厕所、卫生间、盥洗室和浴室等用水的房间，也不应穿过配电间等严禁有漏水的房间。

6.11 门窗

6.11.1 门窗选用应根据建筑所在地区的气候条件、节能要求等因素综合确定，并应符合国家现行建筑门窗产品标准的规定。

6.11.2 门窗的尺寸应符合模数，门窗的材料、功能和质量等应满足使用要求。门窗的配件应与门窗主体相匹配，并应满足相应技术要求。

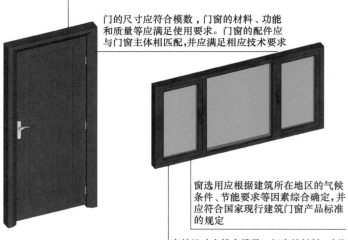

门选用应根据建筑所在地区的气候条件、节能要求等因素综合确定，并应符合国家现行建筑门窗产品标准的规定

门的尺寸应符合模数，门窗的材料、功能和质量等应满足使用要求。门窗的配件应与门窗主体相匹配，并应满足相应技术要求

窗选用应根据建筑所在地区的气候条件、节能要求等因素综合确定，并应符合国家现行建筑门窗产品标准的规定

窗的尺寸应符合模数，门窗的材料、功能和质量等应满足使用要求。门窗的配件应与门窗主体相匹配，并应满足相应技术要求

6.11.1、6.11.2 图示

6.11.3 门窗应满足抗风压、水密性、气密性等要求，且应综合考虑安全、采光、节能、通风、防火、隔声等要求。

门窗应满足抗风压、水密性、气密性等要求，且应综合考虑安全、采光、节能、通风、防火、隔声等要求

6.11.3　图示

6.11.4 门窗与墙体应连接牢固，不同材料的门窗与墙体连接处应采用相应的密封材料及构造做法。

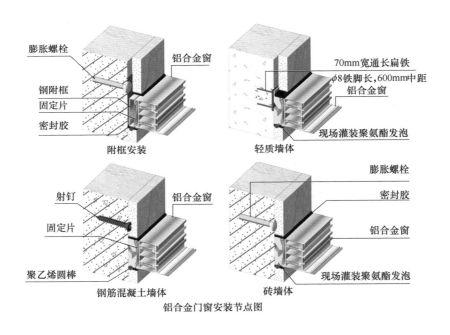

铝合金门窗安装节点图

6.11.4 图示 1

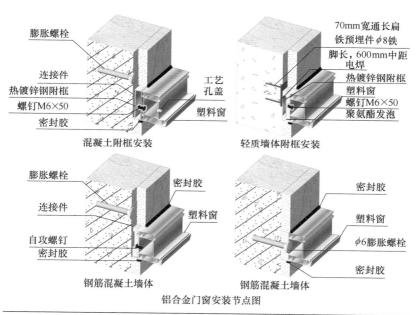

膨胀螺栓

连接件
热镀锌钢附框
螺钉M6×50
密封胶

工艺
孔盖

塑料窗

混凝土附框安装

70mm宽通长扁
铁预埋件φ8铁
脚长,600mm中距
电焊
热镀锌钢附框
塑料窗
螺钉M6×50
聚氨酯发泡

轻质墙体附框安装

膨胀螺栓

连接件

自攻螺钉
密封胶

密封胶

塑料窗

钢筋混凝土墙体

密封胶

塑料窗

φ6膨胀螺栓

密封胶

钢筋混凝土墙体

铝合金门窗安装节点图

6.11.4　图示2

6.11.5 有卫生要求或经常有人员居住、活动房间的外门窗宜设置纱门、纱窗。

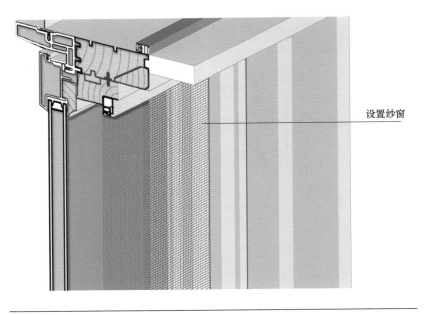

设置纱窗

6.11.5 图 示

6.11.6 窗的设置应符合下列规定：

    1 窗扇的开启形式应方便使用、安全和易于维修、清洗；

    2 公共走道的窗扇开启时不得影响人员通行，其底面距走道地面高度不应低于 2.0m；

    3 公共建筑临空外窗的窗台距楼地面净高不得低于 0.8m，否则应设置防护设施，防护设施的高度由地面起算不应低于 0.8m；

    4 居住建筑临空外窗的窗台距楼地面净高不得低于 0.9m，否则应设置防护设施，防护设施的高度由地面起算不应低于 0.9m；

    5 当防火墙上必须开设窗洞口时，应按现行国家标准《建筑设计防火规范》GB 50016 执行。

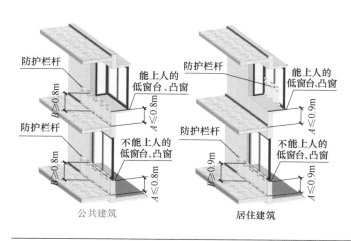

6.11.6　图示

A—窗台高度；*B*—防护栏杆高度

6.11.7 当凸窗窗台高度低于或等于 0.45m 时，其防护高度从窗台面起算不应低于 0.9m；当凸窗窗台高度高于 0.45m 时，其防护高度从窗台面起算不应低于 0.6m。

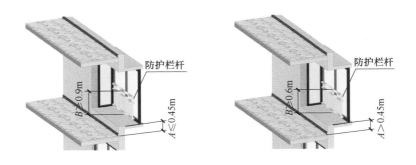

6.11.7　图示

A—窗台高度；*B*—防护栏杆高度

6.11.8 天窗的设置应符合下列规定：

    1 天窗应采用防破碎伤人的透光材料；

    2 天窗应有防冷凝水产生或引泄冷凝水的措施，多雪地区应考虑积雪对天窗的影响；

    3 天窗应设置方便开启清洗、维修的设施。

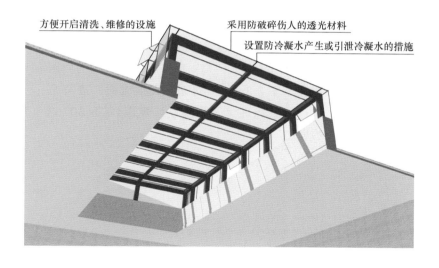

6.11.8 图示

6.11.9 门的设置应符合下列规定：

1 门应开启方便、坚固耐用；

2 手动开启的大门扇应有制动装置，推拉门应有防脱轨的措施；

3 双面弹簧门应在可视高度部分装透明安全玻璃；

4 推拉门、旋转门、电动门、卷帘门、吊门、折叠门不应作为疏散门；

5 开向疏散走道及楼梯间的门扇开足后，不应影响走道及楼梯平台的疏散宽度；

6 全玻璃门应选用安全玻璃或采取防护措施，并应设防撞提示标志；

7 门的开启不应跨越变形缝；

8 当设有门斗时，门扇同时开启时两道门的间距不应小于 0.8m；当有无障碍要求时，应符合现行国家标准《无障碍设计规范》GB 50763 的规定。

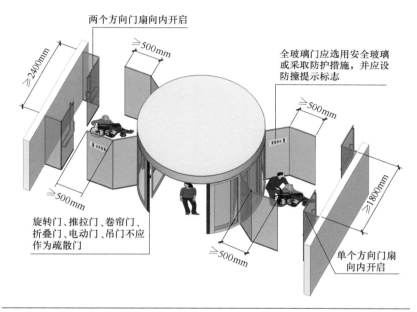

両个方向门扇向内开启

≥2400mm

≥500mm

全玻璃门应选用安全玻璃或采取防护措施，并应设防撞提示标志

≥500mm

≥500mm

旋转门、推拉门、卷帘门、折叠门、电动门、吊门不应作为疏散门

≥1800mm

≥500mm

单个方向门扇向内开启

6.11.9　图示

6.12 建筑幕墙

6.12.1 建筑幕墙应综合考虑建筑物所在地的地理、气候、环境及使用功能、高度等因素，合理选择幕墙的形式。

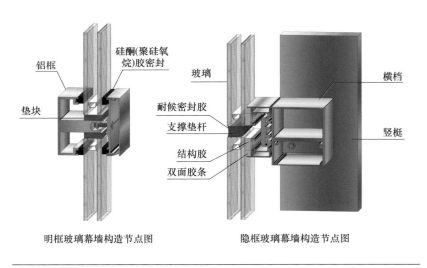

明框玻璃幕墙构造节点图　　　　隐框玻璃幕墙构造节点图

6.12.1　图示

6.12.2 建筑幕墙应根据不同的面板材料，合理选择幕墙结构形式、配套材料、构造方式等。

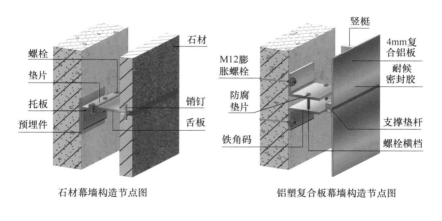

石材幕墙构造节点图　　　　　铝塑复合板幕墙构造节点图

6.12.2　图示

6.12.3 建筑幕墙应满足抗风压、水密性、气密性、保温、隔热、隔声、防火、防雷、耐撞击、光学等性能要求，且应符合国家现行有关标准的规定。

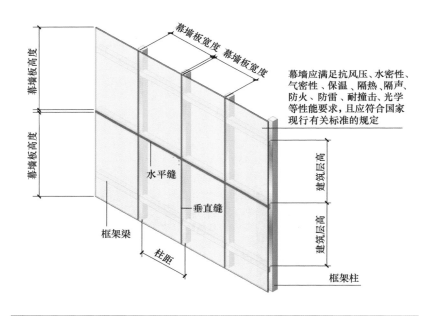

6.12.3　图示

6.12.4 建筑幕墙设置的防护设施应符合本标准第6.11.6条的规定。

6.12.5 建筑幕墙工程宜有安装清洗装置的条件。

6.13 楼地面

6.13.1 地面的基本构造层宜为面层、垫层和地基；楼面的基本构造层宜为面层和楼板。当地面或楼面的基本构造不能满足使用或构造要求时，可增设结合层、隔离层、填充层、找平层、防水层、防潮层和保温绝热层等其他构造层。

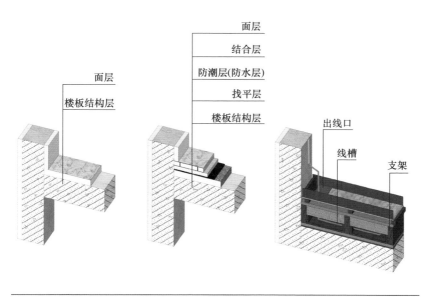

6.13.1　图示

6.13.2 除有特殊使用要求外，楼地面应满足平整、耐磨、不起尘、环保、防污染、隔声、易于清洁等要求，且应具有防滑性能。

6.13.3 厕所、浴室、盥洗室等受水或非腐蚀性液体经常浸湿的楼地面应采取防水、防滑的构造措施，并设排水坡坡向地漏。有防水要求的楼地面应低于相邻楼地面15.0mm。经常有水流淌的楼地面应设置防水层，宜设门槛等挡水设施，且应有排水措施，其楼地面应采用不吸水、易冲洗、防滑的面层材料，并应设置防水隔离层。

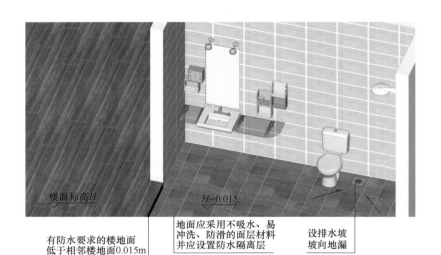

楼面标高 H

$H-0.015$

有防水要求的楼地面
低于相邻楼地面0.015m

地面应采用不吸水、易
冲洗、防滑的面层材料
并应设置防水隔离层

设排水坡
坡向地漏

6.13.3 图示

6.13.4 建筑地面应根据需要采取防潮、防基土冻胀或膨胀、防不均匀沉陷等措施。

6.13.5 存放食品、食料、种子或药物等的房间，其楼地面应采用符合国家现行相关卫生环保标准的面层材料。

6.13.6 受较大荷载或有冲击力作用的楼地面，应根据使用性质及场所选用由板、块材料、混凝土等组成的易于修复的刚性构造，或由粒料、灰土等组成的柔性构造。

6.13.7 木板楼地面应根据使用要求及材质特性，采取防火、防腐、防潮、防蛀、通风等相应措施。

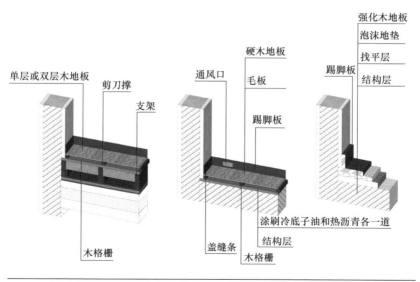

6.13.7 图示

6.14 屋面

6.14.1 屋面工程应根据建筑物的性质、重要程度及使用功能，结合工程特点、气候条件等按不同等级进行防水设防，合理采取保温、隔热措施。

6.14.2 屋面排水坡度应根据屋顶结构形式、屋面基层类别、防水构造形式、材料性能及当地气候等条件确定，且应符合表 6.14.2 的规定，并应符合下列规定：

1 屋面采用结构找坡时不应小于 3%，采用建筑找坡时不应小于 2%；

2 瓦屋面坡度大于 100% 以及大风和抗震设防烈度大于 7 度的地区，应采取固定和防止瓦材滑落的措施；

3 卷材防水屋面檐沟、天沟纵向坡度不应小于 1%，金属屋面集水沟可无坡度；

4 当种植屋面的坡度大于 20% 时，应采取固定和防止滑落的措施。

表 6.14.2 **屋面的排水坡度**

屋面类别		屋面排水坡度 （%）
平屋面	防水卷材屋面	≥ 2、<5
瓦屋面	块瓦	≥ 30
	波形瓦	≥ 20
	沥青瓦	≥ 20

屋面类别		屋面排水坡度 （%）
金属屋面	压型金属板、金属夹芯板	≥5
	单层防水卷材金属屋面	≥2
种植屋面	种植屋面	≥2、<50
采光屋面	玻璃采光顶	≥5

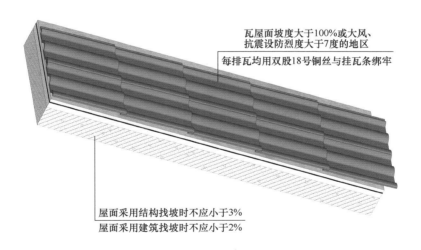

瓦屋面坡度大于100%或大风、抗震设防烈度大于7度的地区

每排瓦均用双股18号铜丝与挂瓦条绑牢

屋面采用结构找坡时不应小于3%

屋面采用建筑找坡时不应小于2%

6.14.2 图示

6.14.3 上人屋面应选用耐霉变、拉伸强度高的防水材料。防水层应有保护层，保护层宜采用块材或细石混凝土。

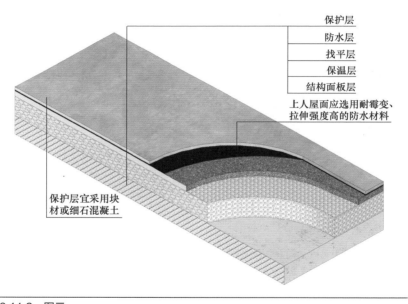

保护层
防水层
找平层
保温层
结构面板层

上人屋面应选用耐霉变、拉伸强度高的防水材料

保护层宜采用块材或细石混凝土

6.14.3 图示

6.14.4 种植屋面结构应计算种植荷载作用，并宜设置植物浇灌设施，防水层应满足耐根穿刺要求。

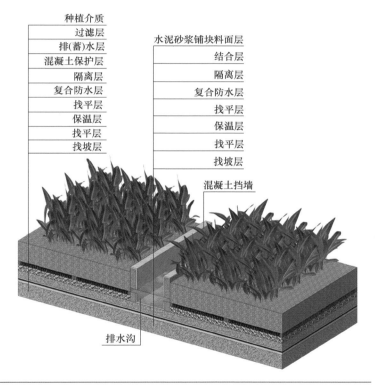

6.14.4　图示

防水层应满足耐根刺穿刺要求

6.14.5 屋面排水应符合下列规定：

1 屋面排水宜结合气候环境优先采用外排水，严寒地区、高层建筑、多跨及集水面积较大的屋面宜采用内排水，屋面雨水管的数量、管径应通过计算确定；

2 当上层屋面雨水管的雨水排至下层屋面时，应有防止水流冲刷屋面的设施；

3 屋面雨水排水系统宜设置溢流系统，溢流排水口的位置不得设在建筑出入口的上方；

4 当屋面采用虹吸式雨水排水系统时，应设溢流设施，集水沟的平面尺寸应满足汇水要求和雨水斗的安装要求，集水沟宽度不宜小于300mm，有效深度不宜小于250mm，集水沟分水线处最小深度不应小于100mm；

5 屋面雨水天沟、檐沟不得跨越变形缝和防火墙；

6 屋面雨水系统不得和阳台雨水系统共用管道。屋面雨水管应设在公共部位，不得在住宅套内穿越。

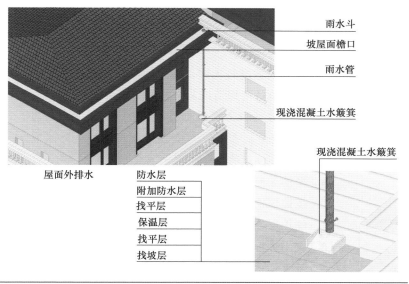

雨水斗

坡屋面檐口

雨水管

现浇混凝土水籖箕

现浇混凝土水籖箕

屋面外排水　　　　防水层

附加防水层

找平层

保温层

找平层

找坡层

6.14.5　图示

6.14.6 屋面构造应符合下列规定：

1 设置保温隔热层的屋面应进行热工验算，应采取防结露、防蒸汽渗透等技术措施，且应符合现行国家标准《建筑设计防火规范》GB 50016的相关规定；

2 当屋面坡度较大时，应采取固定加强和防止屋面系统各个构造层及材料滑落的措施；

3 强风地区的金属屋面和异形金属屋面，应在边区、角区、檐口、屋脊及屋面形态变化处采取构造加强措施；

4 采用架空隔热层的屋面，架空隔热层的高度应按照屋面的宽度或坡度的大小变化确定，架空隔热层不得堵塞；

5 屋面应设上人检修口；当屋面无楼梯通达，并低于10m时，可设外墙爬梯，并应有安全防护和防止儿童攀爬的措施；大型屋面及异形屋面的上屋面检修口宜多于2个；

6 闷顶应设通风口和通向闷顶的检修人孔，闷顶内应设防火分隔；

7 严寒及寒冷地区的坡屋面，檐口部位应采取防止冰雪融化下坠和冰坝形成等措施；

8 天沟、天窗、檐沟、檐口、雨水管、泛水、变形缝和伸出屋面管道等处应采取与工程特点相适应的防水加强构造措施，并应符合国家现行有关标准的规定。

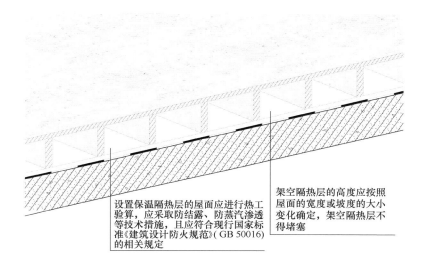

设置保温隔热层的屋面应进行热工验算，应采取防结露、防蒸汽渗透等技术措施，且应符合现行国家标准《建筑设计防火规范》(GB 50016)的相关规定

架空隔热层的高度应按照屋面的宽度或坡度的大小变化确定，架空隔热层不得堵塞

6.14.6　图示 1

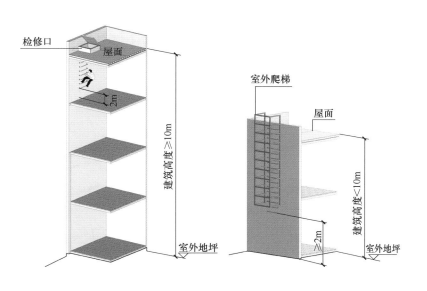

6.14.6　图示 2

6.15 吊顶

6.15.1 室外吊顶应根据建筑性质、高度及工程所在地的地理、气候和环境等条件合理选择吊顶的材料及形式。吊顶构造应满足安全、防火、抗震、抗风、耐候、防腐蚀等相关标准的要求。室外吊顶应有抗风揭的加强措施。

6.15.2 室内吊顶应根据使用空间功能特点、高度、环境等条件合理选择吊顶的材料及形式。吊顶构造应满足安全、防火、抗震、防潮、防腐蚀、吸声等相关标准的要求。

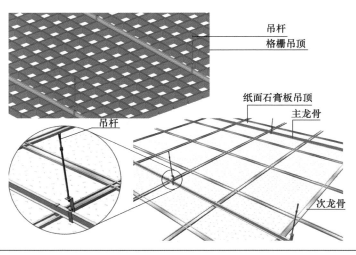

6.15.2 图示

6.15.3 室外吊顶与室内吊顶交界处应有保温或隔热措施，且应符合国家现行建筑节能标准的相关规定。

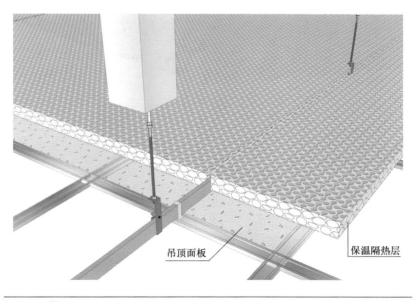

吊顶面板　保温隔热层

6.15.3　图示

6.15.4 吊顶与主体结构的吊挂应有安全构造措施，重物或有振动等的设备应直接吊挂在建筑承重结构上，并应进行结构计算，满足现行相关标准的要求；当吊杆长度大于1.5m时，宜设钢结构支撑架或反支撑。

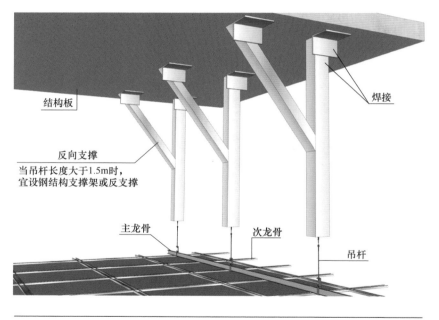

结构板

反向支撑
当吊杆长度大于1.5m时，
宜设钢结构支撑架或反支撑

焊接

主龙骨

次龙骨

吊杆

6.15.4　图示

6.15.5 吊顶系统不得吊挂在吊顶内的设备管线或设施上。

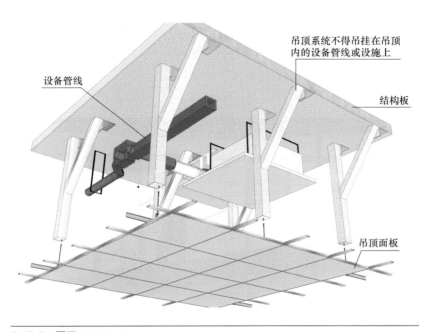

设备管线

吊顶系统不得吊挂在吊顶内的设备管线或设施上

结构板

吊顶面板

6.15.5 图示

6.15.6 管线较多的吊顶应符合下列规定：

  1 合理安排各种设备管线或设施，并应符合国家现行防火、安全及相关专业标准的规定；

  2 上人吊顶应满足人行及检修荷载的要求，并应留有检修空间，根据需要应设置检修道（马道）和便于进出入吊顶的人孔；

  3 不上人吊顶宜采用便于拆卸的装配式吊顶板或在需要的位置设检修孔。

6.15.6　图示

6.15.7 当吊顶内敷设有水管线时，应采取防止产生冷凝水的措施。

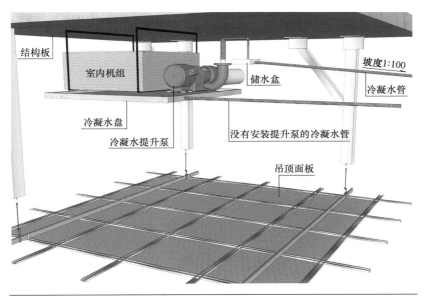

结构板

室内机组

储水盒

坡度1:100

冷凝水管

冷凝水盘

冷凝水提升泵

没有安装提升泵的冷凝水管

吊顶面板

6.15.7 图示

6.15.8 潮湿房间或环境的吊顶，应采用防水或防潮材料和防结露、滴水及排放冷凝水的措施；钢筋混凝土顶板宜采用现浇板。

6.16 管道井、烟道和通风道

6.16.1 管道井、烟道和通风道应用非燃烧体材料制作，且应分别独立设置，不得共用。

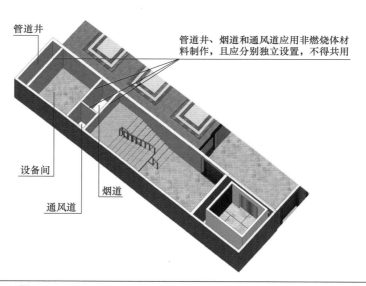

6.16.1 图示

6.16.2 管道井的设置应符合下列规定：

1 在安全、防火和卫生等方面互有影响的管线不应敷设在同一管道井内。

2 管道井的断面尺寸应满足管道安装、检修所需空间的要求。当井内设置壁装设备时，井壁应满足承重、安装要求。

3 管道井壁、检修门、管井开洞的封堵做法等应符合现行国家标准《建筑设计防火规范》GB 50016 的有关规定。

4 管道井宜在每层临公共区域的一侧设检修门，检修门门槛或井内楼地面宜高出本层楼地面，且不应小于 0.1m。

5 电气管线使用的管道井不宜与厕所、卫生间、盥洗室和浴室等经常积水的潮湿场所贴邻设置。

6 弱电管线与强电管线宜分别设置管道井。

7 设有电气设备的管道井，其内部环境应保证设备正常运行。

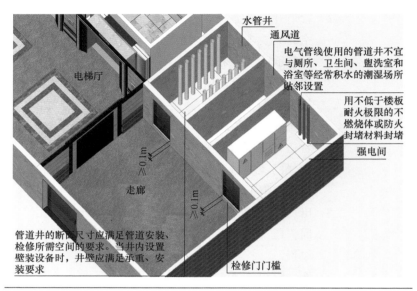

水管井

通风道

电气管线使用的管道井不宜与厕所、卫生间、盥洗室和浴室等经常积水的潮湿场所贴邻设置

用不低于楼板耐火极限的不燃烧体或防火封堵材料封堵

电梯厅

强电间

≥0.1m

走廊

≥0.1m

管道井的断面尺寸应满足管道安装、检修所需空间的要求。当井内设置壁装设备时,井壁应满足承重、安装要求

检修门门槛

6.16.2 图示

6.16.3 进风道、排风道和烟道的断面、形状、尺寸和内壁
应有利于进风、排风、排烟（气）通畅，防止产生
阻滞、涡流、窜烟、漏气和倒灌等现象。

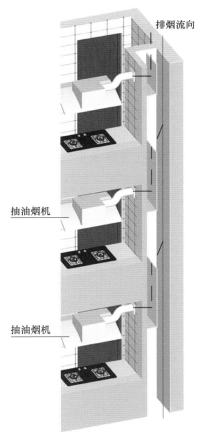

排烟流向

抽油烟机

抽油烟机

烟道示意图

6.16.3　图示

6.16.4 自然排放的烟道和排风道宜伸出屋面，同时应避开门窗和进风口。伸出高度应有利于烟气扩散，并应根据屋面形式、排出口周围遮挡物的高度、距离和积雪深度确定，伸出平屋面的高度不得小于 0.6m。伸出坡屋面的高度应符合下列规定：

1 当烟道或排风道中心线距屋脊的水平面投影距离小于 1.5m 时，应高出屋脊 0.6m；

2 当烟道或排风道中心线距屋脊的水平面投影距离为 1.5～3.0m 时，应高于屋脊，且伸出屋面高度不得小于 0.6m；

3 当烟道或排风道中心线距屋脊的水平面投影距离大于 3.0m 时，可适当低于屋脊，但其顶部与屋脊的连线同水平线之间的夹角不应大于10°，且伸出屋面高度不得小于 0.6m。

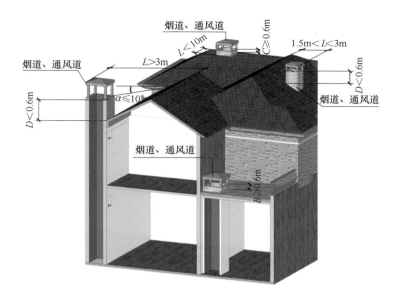

6.16.4 图示

B—通风道伸出高度；*C*—高出屋脊尺寸；*D*—伸出屋脊尺寸；*L*—烟道、通风道距屋脊水平距离；
α—顶部与屋脊的连线同水平线之间的夹角

6.16.5 烟道和排风道的设置尚应符合国家现行相关标准的规定。

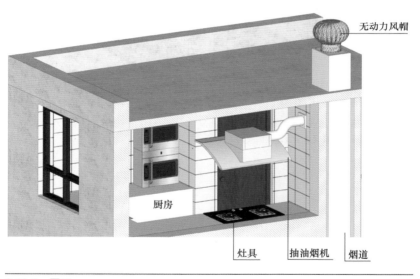

6.16.5 图示

6.17 室内外装修

6.17.1 室内外装修设计应符合下列规定：

1 室内外装修不应影响建筑物结构的安全性。当既有建筑改造时，应进行可靠性鉴定，根据鉴定结果进行加固。

2 装修工程应根据使用功能等要求，采用节能、环保型装修材料，且应符合现行国家标准《建筑设计防火规范》GB 50016 的相关规定。

室内外装修不应影响建筑物结构的安全性。当既有建筑改造时，应进行可靠性鉴定，根据鉴定结果进行加固

装修工程应根据使用功能等要求，采用节能、环保型装修材料，且应符合现行国家标准《建筑设计防火规范》(GB 50016)的相关规定

6.17.1 图示

6.17.2 室内装修设计应符合下列规定：

    1 室内装修不得遮挡消防设施标志、疏散指示标志及安全出口，并不得影响消防设施和疏散通道的正常使用；

    2 既有建筑重新装修时，应充分利用原有设施、设备管线系统，且应满足国家现行相关标准的规定；

    3 室内装修材料应符合现行国家标准《民用建筑工程室内环境污染控制规范》GB 50325 的相关要求。

室内装修材料应符合现行国家标准《民用建筑工程室内环境污染控制规范》（GB 50325）的相关要求

既有建筑重新装修时，应充分利用原有设施、设备管线系统，且应满足国家现行相关标准的规定

室内装修不得遮挡消防设施标志、疏散指示标志及安全出口，并不得影响消防设施和疏散通道的正常使用

6.17.2 图示

6.17.3 外墙装修材料或构件与主体结构的连接必须安全牢固。

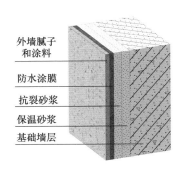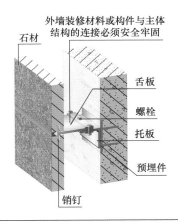

6.17.3 图示

7

室内环境

7.1 光环境

7.1.1 建筑中主要功能房间的采光计算应符合现行国家标准《建筑采光设计标准》GB 50033 的规定。

7.1.2 居住建筑的卧室和起居室（厅）、医疗建筑的一般病房的采光不应低于采光等级Ⅳ级的采光系数标准值，教育建筑的普通教室的采光不应低于采光等级Ⅲ级的采光系数标准值，且应进行采光计算。采光应符合下列规定：

    1 每套住宅至少应有一个居住空间满足采光系数标准要求，当一套住宅中居住空间总数超过 4 个时，其中应有 2 个及以上满足采光系数标准要求；

    2 老年人居住建筑和幼儿园的主要功能房间应有不小于 75% 的面积满足采光系数标准要求。

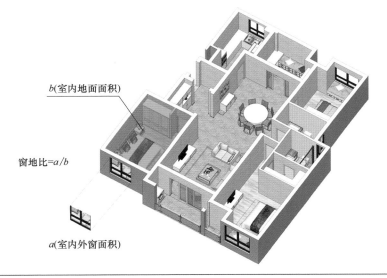

b(室内地面面积)

窗地比=a/b

a(室内外窗面积)

7.1.2 图示

7.1.3 有效采光窗面积计算应符合下列规定：

    1 侧面采光时，民用建筑采光口离地面高度
0.75m以下的部分不应计入有效采光面积；

    2 侧窗采光口上部的挑檐、装饰板、防火通道及
阳台等外部遮挡物在采光计算时，应按实际遮
挡参与计算。

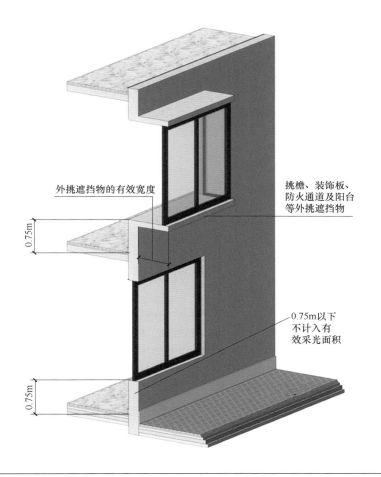

外挑遮挡物的有效宽度

挑檐、装饰板、
防火通道及阳台
等外挑遮挡物

0.75m

0.75m

0.75m以下
不计入有
效采光面积

7.1.3 图示

7.1.4 建筑照明的数量和质量指标应符合现行国家标准
《建筑照明设计标准》GB 50034 的规定。各场所的
照明评价指标应符合表 7.1.4 的规定。

表 7.1.4　各场所的照明评价指标

建筑类型	评价指标
居住建筑	照度、显色指数
公共建筑	照度、照度均匀度、统一眩光值、显色指数
通用房间或场所	
博物馆建筑	照度、照度均匀度、统一眩光值、显色指数、年曝光量
体育建筑	水平照度、垂直照度、照度均匀度、眩光指数、显色指数、色温

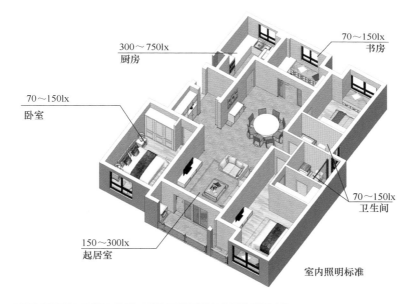

300～750lx
厨房

70～150lx
书房

70～150lx
卧室

70～150lx
卫生间

150～300lx
起居室

室内照明标准

7.1.4　图示

7.2 通风

7.2.1 建筑物应根据使用功能和室内环境要求设置与室外空气直接流通的外窗或洞口；当不能设置外窗和洞口时，应另设置通风设施。

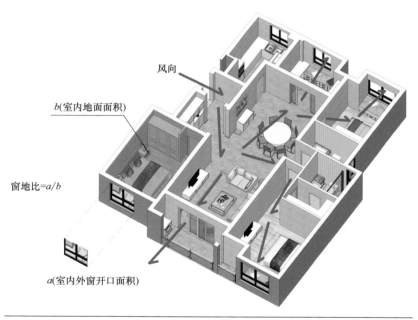

7.2.1 图示

7.2.2 采用直接自然通风的空间，通风开口有效面积应符合下列规定：

1 生活、工作的房间的通风开口有效面积不应小于该房间地面面积的 1/20；

2 厨房的通风开口有效面积不应小于该房间地板面积的 1/10，并不得小于 $0.6m^2$；

3 进出风开口的位置应避免设在通风不良区域，且应避免进出风开口气流短路。

通风开口有效面积$2S_1$　　　房间地板面积S

生活、工作房间的$2S_1 \geqslant S/20$

7.2.2　图示1

竖向通风道

排烟罩

通风开口有效面积S_1

房间地板面积S

通风开口有效面积$S_1 \geqslant S/10$且$\geqslant 0.6m^2$

7.2.2 图示2

7.2.3 严寒地区居住建筑中的厨房、厕所、卫生间应设自然通风道或通风换气设施。

7.2.4 厨房、卫生间的门的下方应设进风固定百叶或留进风缝隙。

7.2.5 自然通风道或通风换气装置的位置不应设于门附近。

7.2.6 无外窗的浴室、厕所、卫生间应设机械通风换气设施。

7.2.7 建筑内的公共卫生间宜设置机械排风系统。

7.3 热湿环境

7.3.1 需要夏季防热的建筑物应符合下列规定：

    1 建筑外围护结构的夏季隔热设计，应符合现行国家标准《民用建筑热工设计规范》GB 50176 和国家现行相关节能标准的规定；

    2 应采取绿化环境、组织有效自然通风、外围护结构隔热和设置建筑遮阳等综合措施；

    3 建筑物的东、西向窗户及采光顶应采取有效的遮阳措施，且采光顶宜能通风散热。

7.3.2 设置空气调节的建筑物应符合下列规定：

    1 设置集中空气调节系统的房间应相对集中布置；

    2 空气调节房间的外窗应有良好的气密性。

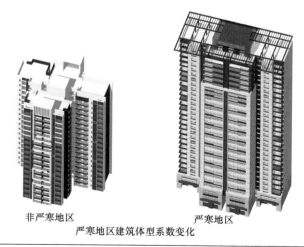

非严寒地区   严寒地区

严寒地区建筑体型系数变化

7.3.2 图示

7.3.3 需要冬季保温的建筑应符合下列规定：

    1 建筑物宜布置在向阳、日照遮挡少、避风的地段；

    2 严寒及寒冷地区的建筑物应降低体形系数、减少外表面积；

    3 围护结构应采取保温措施，保温设计应符合现行国家标准《民用建筑热工设计规范》GB 50176 和国家现行相关节能标准的规定；

    4 严寒及寒冷地区的建筑物不应设置开敞的楼梯间和外廊；严寒地区出入口应设门斗或采取其他防寒措施，寒冷地区出入口宜设门斗或采取其他防寒措施。

7.3.4 冬季日照时数多的地区，建筑宜设置被动式太阳能利用措施。

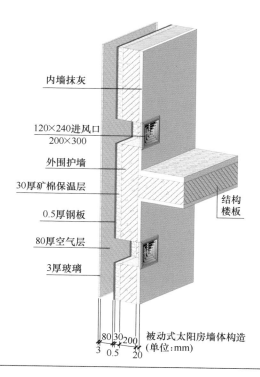

内墙抹灰

120×240进风口
200×300

外围护墙

30厚矿棉保温层

0.5厚钢板

80厚空气层

3厚玻璃

结构
楼板

80 30 200
3 0.5 20

被动式太阳房墙体构造
(单位:mm)

7.3.4 图示

7.3.5 夏热冬冷地区的长江中、下游地区和夏热冬暖地区
建筑的室内地面应采取防泛潮措施。

7.3.6 供暖建筑应按照现行国家标准《民用建筑热工设计
规范》GB 50176 采取建筑物防潮措施。

7.4 声环境

7.4.1 民用建筑各类主要功能房间的室内允许噪声级、围护结构（外墙、隔墙、楼板和门窗）的空气声隔声标准以及楼板的撞击声隔声标准，应符合现行国家标准《民用建筑隔声设计规范》GB 50118 的规定。

7.4.2 民用建筑的隔声减噪设计应符合下列规定：

1 民用建筑隔声减噪设计，应根据建筑室外环境噪声状况、建筑物内部噪声源分布状况及室内允许噪声级的需求，确定其防噪措施和设计其相应隔声性能的建筑围护结构。

2 不宜将有噪声和振动的设备用房设在噪声敏感房间的直接上、下层或贴邻布置；当其设在同一楼层时，应分区布置。

3 当安静要求较高的房间内设置吊顶时，应将隔墙砌至梁、板底面。当采用轻质隔墙时，其隔声性能应符合国家现行有关隔声标准的规定。

4 墙上的施工留洞或剪力墙抗震设计所开洞口的封堵，应采用满足对应隔声要求的材料和构造。

5 电梯井道和机房不宜与有安静要求的用房贴邻布置，否则应采取隔振、隔声措施。

6 高层建筑的外门窗、外遮阳构件等应采取有效措施防止风啸声的发生。

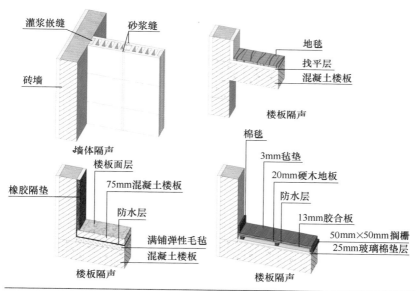

灌浆嵌缝　　砂浆缝

砖墙

墙体隔声

地毯
找平层
混凝土楼板

楼板隔声

橡胶隔垫
楼板面层
75mm混凝土楼板
防水层
满铺弹性毛毡
混凝土楼板

楼板隔声

棉毯
3mm毡垫
20mm硬木地板
防水层
13mm胶合板
50mm×50mm搁栅
25mm玻璃棉垫层

楼板隔声

7.4.2　图示

7.4.3 民用建筑内的建筑设备隔振降噪设计应符合下列规定：

1 民用建筑内产生噪声与振动的建筑设备宜选用低噪声产品，且应设置在对噪声敏感房间干扰较小的位置。当产生噪声与振动的建筑设备可能对噪声敏感房间产生噪声干扰时，应采取有效的隔振、隔声措施。

2 与产生噪声与振动的建筑设备相连接的各类管道应采取软管连接、设置弹性支吊架等措施控制振动和固体噪声沿管道传播。并应采取控制流速、设置消声器等综合措施降低随管道传播的机械辐射噪声和气流再生噪声。

3 当各类管道穿越噪声敏感房间的墙体和楼板时，孔洞周边应采取密封隔声措施；当在噪声敏感房间内的墙体上设置嵌入墙内对墙体隔声性能有显著降低的配套构件时，不得背对背布置，应相互错开位置，并应对所开的洞（槽）采取有效的隔声封堵措施。

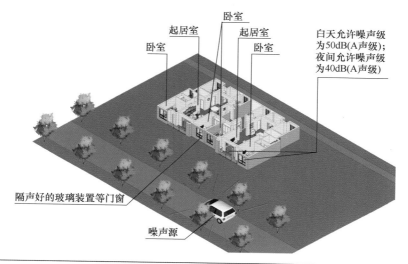

卧室

起居室

卧室

起居室

卧室

白天允许噪声级
为50dB(A声级)；
夜间允许噪声级
为40dB(A声级)

隔声好的玻璃装置等门窗

噪声源

7.4.3　图示

7.4.4 柴油发电机房应采取机组消声及机房隔声综合治理
措施。冷冻机房、换热站泵房、水泵房应有隔振防
噪措施。

7.4.5 音乐厅、剧院、电影院、多用途厅堂、体育场馆、
航站楼及各类交通客运站等有特殊声学要求的重要
建筑，宜根据功能定位和使用要求，进行建筑声学
和扩声系统专项设计。

7.4.6 人员密集的室内场所，应进行减噪设计。

8

建筑设备

8.1 给水排水

8.1.1 建筑给水设计应符合下列规定：

    1 应采用节水型低噪声卫生器具和水嘴；

    2 当分户计量时，宜在公共区域外设水表箱或水表间。

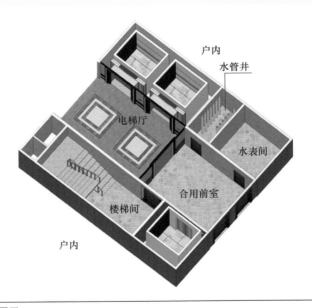

8.1.1 图示

扫码看视频

8.1.2 生活饮用水水池（箱）、供水泵房等设置应符合下列规定：

1 建筑物内的生活饮用水水池（箱）体应采用独立结构形式，不得利用建筑物的本体结构作为水池（箱）的壁板、底板及顶盖；与其他用水水池（箱）并列设置时，应有各自独立的分隔墙；

2 埋地生活饮用水贮水池周围 10.0m 以内，不得有化粪池、污水处理构筑物、渗水井、垃圾堆放点等污染源，周围 2.0m 以内不得有污水管和污染物；

3 生活饮用水水池（箱）的材质、衬砌材料和内壁涂料不得影响水质；

4 建筑物内的生活饮用水水池（箱）宜设在专用房间内，其直接上层不应有厕所、浴室、盥洗室、厨房、厨房废水收集处理间、污水处理机房、污水泵房、洗衣房、垃圾间及其他产生污染源的房间，且不应与上述房间相毗邻；

5 泵房内地面应设防水层；

6 生活给水泵房内的环境应满足国家现行有关卫生标准的要求。

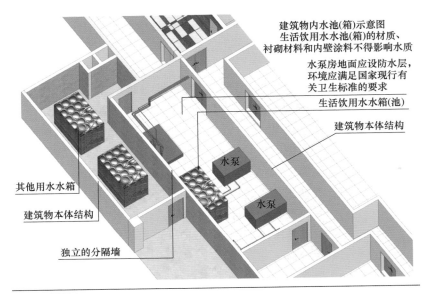

建筑物内水池(箱)示意图
生活饮用水水池(箱)的材质、
衬砌材料和内壁涂料不得影响水质

水泵房地面应设防水层,
环境应满足国家现行有
关卫生标准的要求

生活饮用水水箱(池)

建筑物本体结构

水泵

水泵

其他用水水箱

建筑物本体结构

独立的分隔墙

8.1.2 图示1

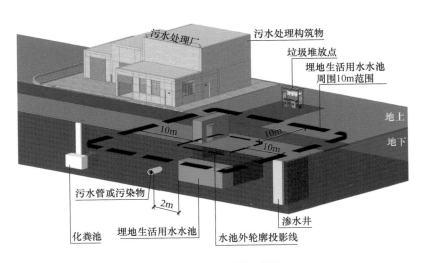

污水处理厂

污水处理构筑物

垃圾堆放点

埋地生活用水水池
周围10m范围

10m

10m

10m

地上

地下

污水管或污染物

2m

化粪池

埋地生活用水水池

水池外轮廓投影线

渗水井

埋地生活用水水池示意图

8.1.2 图示2

8.1.3 生活热水的热源应遵循国家或地方有关规定利用太阳能，新建建筑太阳能集热器的设置必须与建筑设计一体化。

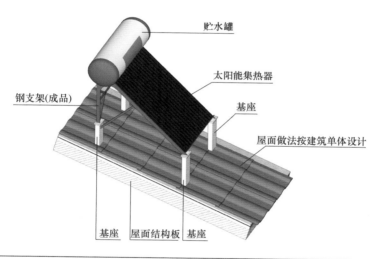

8.1.3 图示

8.1.4 当采用同层排水时，卫生间的地坪和结构楼板均应采取可靠的防水措施。

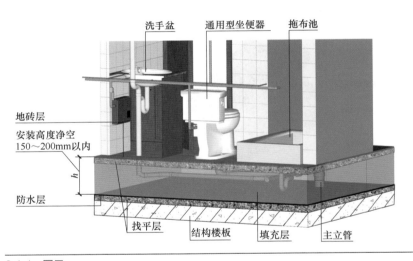

8.1.4　图示

8.1.5 给水排水管道敷设应符合下列规定：

    1 给水排水管道不应穿过变配电房、电梯机房、智能化系统机房、音像库房等遇水会损坏设备和引发事故的房间，以及博物馆类建筑的藏品库房、档案馆类建筑的档案库区、图书馆类建筑的书库等；并应避免在生产设备、遇水会引起爆炸燃烧的原料和产品、配电柜上方通过；

    2 排水横管不得穿越食品、药品及其原料的加工及贮藏部位，并不得穿越生活饮用水水池（箱）的正上方；

    3 排水管道不得穿过结构变形缝等部位，当必须穿过时，应采取相应技术措施；

    4 排水管道不得穿越客房、病房和住宅的卧室、书房、客厅、餐厅等对卫生、安静有较高要求的房间；

    5 生活饮用水管道严禁穿过毒物污染区。当通过有腐蚀性区域时，应采取安全防护措施。

8.1.6 化粪池距离地下取水构筑物不得小于 30.0m。化粪池池外壁距建筑物外墙不宜小于 5.0m，并不得影响建筑物基础。

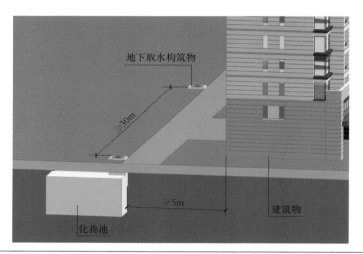

地下取水构筑物

≥30m

化粪池

≥5m

建筑物

8.1.6　图示

8.1.7 污水处理站、中水处理站的设置应符合下列规定：

    1 建筑小区污水处理站、中水处理站宜布置在基地主导风向的下风向处，且宜在地下独立设置。以生活污水为原水的地面处理站与公共建筑和住宅的距离不宜小于 15.0m。

    2 建筑物内的中水处理站宜设在建筑物的最底层，建筑群（组团）的中水处理站宜设在其中心位置建筑的地下室或裙房内。

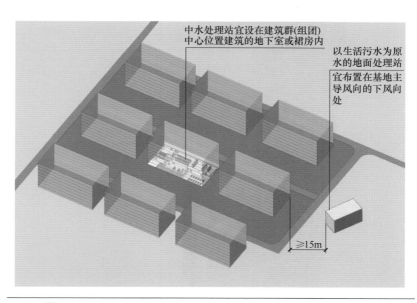

8.1.7　图示

8.1.8 室内消火栓应设置在明显易于取用及便于火灾扑救的位置。消火栓箱暗装在防火墙或承重墙上时，应采取不能减弱本墙体耐火等级的技术措施。

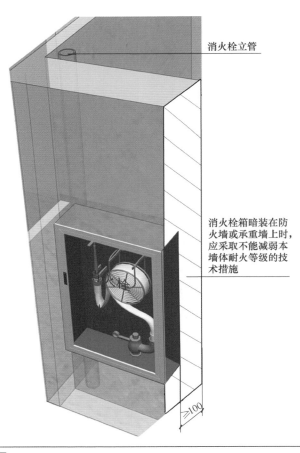

消火栓立管

消火栓箱暗装在防火墙或承重墙上时，应采取不能减弱本墙体耐火等级的技术措施

≥100

8.1.8 图示

8.1.9 消防水池的设计应符合下列规定：

    1   消防水池可室外埋地设置、露天设置或在建筑内设置，并靠近消防泵房或与泵房同一房间，且池底标高应高于或等于消防泵房的地面标高；

    2   消防用水等非生活饮用水水池的池体宜根据结构要求与建筑物本体结构脱开，采用独立结构形式。钢筋混凝土水池，其池壁、底板及顶板应做防水处理，且内表面应光滑易于清洗。

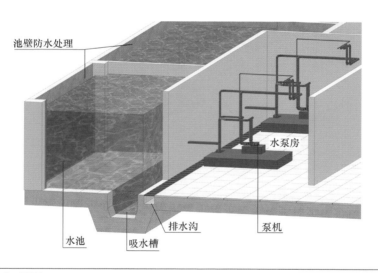

8.1.9　图示

8.1.10 消防水泵房设置应符合下列规定：

1 不应设置在地下 3 层及以下，或室内地面与室外出入口地坪高差大于 10.0m 的地下楼层；

2 消防水泵房应采取防水淹的技术措施；

3 疏散门应直通室外或安全出口。

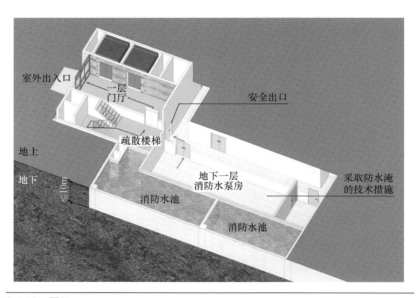

8.1.10 图示

8.1.11 高位消防水箱设置应符合下列规定：

　1 水箱最低有效水位应高于其所服务的水灭火设施；

　2 严寒和寒冷地区的消防水箱应设在房间内，且应保证其不冻结。

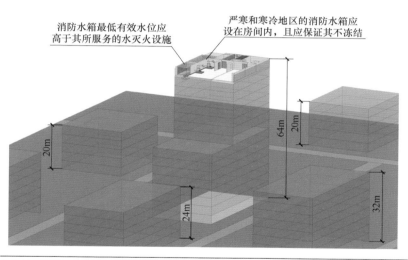

消防水箱最低有效水位应高于其所服务的水灭火设施

严寒和寒冷地区的消防水箱应设在房间内，且应保证其不冻结

8.1.11　图示

8.1.12　设置气体灭火系统的房间应符合下列规定：

　　1　围护结构及门窗的耐火极限不宜低于 0.5h，吊顶的耐火极限不宜低于 0.25h；

　　2　围护结构及门窗的允许压强不宜小于 1.2kPa；

　　3　围护结构上应设置泄压口，泄压口应开向室外或公共走道，泄压口下沿应位于房间净高 2/3 以上的位置，泄压口面积应经计算确定；

　　4　门应向疏散方向开启，并应能自动关闭。

8.1.13　冷却塔位置的选择应符合下列规定：

　　1　气流宜通畅，湿热空气回流影响小，且应布置在建筑物的最小频率风向的上风侧；

　　2　冷却塔不应布置在热源、废气和烟气排放口附近，不宜布置在高大建筑物中间的狭长地带上；

　　3　冷却塔与相邻建筑物之间的距离，除满足塔的通风要求外，还应考虑噪声、飘水等对建筑物的影响。

气流宜通畅，湿热空气回流影响小，且应布置在建筑物的最小频率风向的上风侧

与相邻建筑之间的距离，除满足塔的通风要求外，还应考虑噪声、飘水等对建筑物的影响

冷却塔

8.1.13　图示

8.1.14　燃油（气）热水机组机房的布置应符合下列规定：

1　机房宜与其他建筑物分离独立设置。当设在建筑物内时，不应设置在人员密集场所的上、下层或贴邻部位，应布置在靠外墙部位，其疏散门应直通安全出口。在外墙开口部位的上方，应设置宽度不小于 1.0m 的不燃烧体防火挑檐。

2　机房顶部及墙面应做隔声处理，地面应做防水处理。

8.2　暖通空调

8.2.1　设有供暖系统的民用建筑应符合下列规定：

1　应按城市热力规划、气候、建筑功能要求确定供暖热源、系统和运行方式；

2　独立设置的区域锅炉房宜靠近最大负荷区域，应防止燃料运输、存放、噪声、污染物排放等对周边环境的影响；

3　热媒输配管道系统的公共阀门、仪表等，应设在公共空间并可随时进行调节、检修、更换、抄表；

4　室内供暖、室外热力管道用管沟或管廊应在适当位置留出膨胀弯或补偿器空间；当供暖管道穿墙或楼板无法计算管道膨胀量，且没有补偿措施时，洞口应采用柔性封堵；

5　供暖系统的热力入口应设在专用房间内；

6　当室内采用地面埋管供暖系统时，层高应满足地面构造做法的要求。

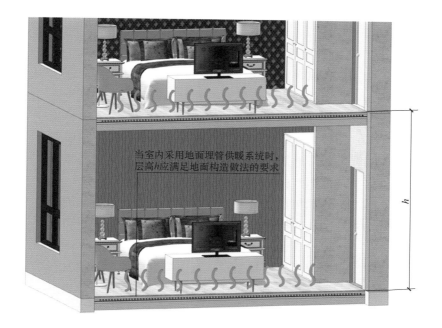

当室内采用地面埋管供暖系统时，层高h应满足地面构造做法的要求

8.2.1 图示

8.2.2 设有机械通风系统的民用建筑应符合下列规定：

1 新风采集口应设置在室外空气清新、洁净的位置或地点；废气及室外设备的出风口应高于人员经常停留或通行的高度；有毒、有害气体应经处理达标后向室外高空排放；与地下供暖管沟、地下室开敞空间或室外相通的共用通风道底部，应设有防止小动物进入的箆网；

2 通风机房、吊装设备及暗装通风管道系统的调节阀、检修口、清扫口应满足运行时操作和检修的要求；

3 贮存易燃易爆物质、有防疫卫生要求及散发有毒有害物质或气体的房间，应单独设置排风系统，并按环保规定处理达标后向室外高空排放；

4 事故排风系统的室外排风口不应布置在人员经常停留或通行的地点以及邻近窗口、天窗、出入口等位置；且排风口与进风口的水平距离不应小于 20.0m，否则宜高出 6.0m 以上；

5 除事故风机、消防用风机外，室外露天安装的通风机应避免运行噪声及振动对周边环境的影响，必要时应采取可靠的防护和消声隔振措施；

6 餐饮厨房的排风应处理达标后向室外高空排放。

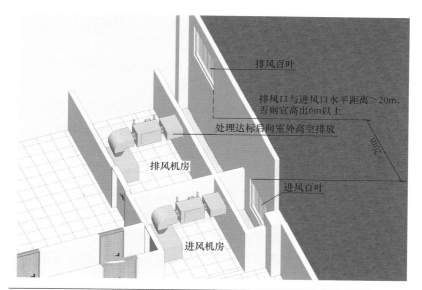

排风百叶

排风口与进风口水平距离≥20m，
否则宜高出6m以上

处理达标后向室外高空排放

排风机房

进风百叶

进风机房

8.2.2　图示

8.2.3 设有空气调节系统的民用建筑应符合下列规定：

    1 应按建筑物规模、用途、建设地点的能源条件、结构、价格以及我国节能减排、环保政策等选用空调冷热源、系统及运行方式；

    2 层高或吊顶、架空地板高度应满足空调设备及管道的安装、清扫和检修要求；

    3 风冷室外机应设置在通风良好的位置；水冷设备既要通风良好，又要避免飘水对行人或环境的不利影响，靠近外窗时应采取防雾、防噪声干扰等措施；

    4 空调管道的热膨胀、暗装设备检修等应分别符合本标准第 8.2.1 条、第 8.2.2 条的相关规定；

    5 空调机房应邻近所服务的空调区，机房面积和净高应满足设备、风管安装的要求，并应满足常年清理、检修的要求。

8.2.4 既有建筑加装暖通空调设备不得危害结构安全，室外设备不应危及邻居或行人。

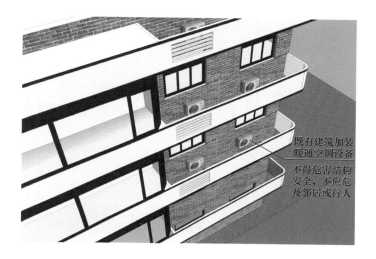

既有建筑加装
暖通空调设备
不得危害结构
安全，不应危
及邻居或行人

8.2.4　图示

8.2.5 冷热源站房的设置应符合下列规定：

    1 应预留大型设备的搬运通道及条件；吊装设施应安装在高度、承载力满足要求的位置；

    2 主机房宜采用水泥地面，主机基座周边宜设排水明沟；

    3 设备周围及上部应留有通行及检修空间；

    4 多台主机联合运行的站房应设置集中控制室，控制室应采用隔声门，锅炉房控制室应采用具有抗爆能力且固定的观察窗。

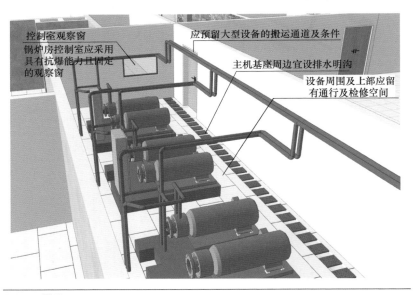

8.2.5 图示

8.2.6 燃油（燃气）锅炉或设备用房应设在便于燃料储存及输配、且能与室外保持足够通风量的位置，不应靠近或危及人员密集的空间，且人员逃生、泄爆、排水、排汽等防护措施应符合现行国家标准《锅炉房设计规范》GB 50041 和《建筑设计防火规范》GB 50016 的规定。

8.3 建筑电气

8.3.1 民用建筑物内设置的变电所应符合下列规定：

　　1 变电所位置的选择应符合下列规定：

　　　　1) 宜接近用电负荷中心；

　　　　2) 应方便进出线；

　　　　3) 应方便设备吊装运输；

　　　　4) 不应在厕所、卫生间、盥洗室、浴室、厨房或其他蓄水、经常积水场所的直接下一层设置，且不宜与上述场所相贴邻，当贴邻设置时应采取防水措施；

　　　　5) 变压器室、高压配电室、电容器室，不应在教室、居室的直接上、下层及贴邻处设置；当变电所的直接上、下层及贴邻处设置病房、客房、办公室、智能化系统机房时，应采取屏蔽、降噪等措施。

2 地上高压配电室宜设不能开启的自然采光窗，其窗距室外地坪不宜低于 1.8m；地上低压配电室可设能开启的不临街的自然采光通风窗，其窗应按本条第 7 款做防护措施。

3 变电所宜设在一个防火分区内。当在一个防火分区内设置的变电所，建筑面积不大于 200.0m² 时，至少应设置 1 个直接通向疏散走道（安全出口）或室外的疏散门；当建筑面积大于 200.0m² 时，至少应设置 2 个直接通向疏散走道（安全出口）或室外的疏散门；当变电所长度大于 60.0m 时，至少应设置 3 个直接通向疏散走道（安全出口）或室外的疏散门。

4 当变电所内设置值班室时，值班室应设置直接通向室外或疏散走道（安全出口）的疏散门。

5 当变电所设置 2 个及以上疏散门时，疏散门之间的距离不应小于 5.0m，且不应大于 40.0m。

6 变压器室、配电室、电容器室的出入口门应向外开启。同一个防火分区内的变电所，其内部相通的门应为不燃材料制作的双向弹簧门。当变压器室、配电室、电容器室长度大于 7.0m 时，至少应设 2 个出入口门。

7 变压器室、配电室、电容器室等应设置防雨雪和小动物从采光窗、通风窗、门、电缆沟等进入室内的设施。

8 变电所地面或门槛宜高出所在楼层楼地面不小于 0.1m。如果设在地下层，其地面或门槛宜高出所在楼层楼地面不小于 0.15m。变电所的电缆夹层、电缆沟和电缆室应采取防水、排水措施。

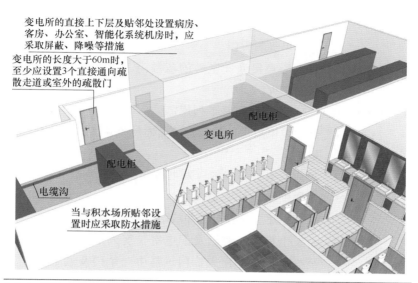

变电所的直接上下层及贴邻处设置病房、客房、办公室、智能化系统机房时，应采取屏蔽、降噪等措施

变电所的长度大于60m时，至少应设置3个直接通向疏散走道或室外的疏散门

配电柜

变电所

配电柜

电缆沟

当与积水场所贴邻设置时应采取防水措施

8.3.1 图示

8.3.2 变电所防火门的级别应符合下列规定:

    1 变电所直接通向疏散走道(安全出口)的疏散门,以及变电所直接通向非变电所区域的门,应为甲级防火门;

    2 变电所直接通向室外的疏散门,应为不低于丙级的防火门。

8.3.3 柴油发电机房应符合下列规定:

    1 柴油发电机房的设置应符合本标准第 8.3.1 条的规定。

    2 柴油发电机房宜设有发电机间、控制及配电室、储油间、备件贮藏间等,设计时可根据具体情况对上述房间进行合并或增减。

    3 当发电机间、控制及配电室长度大于 7.0m 时,至少应设 2 个出入口门。其中一个门及通道的大小应满足运输机组的需要,否则应预留运输条件。

    4 发电机间的门应向外开启。发电机间与控制及配电室之间的门和观察窗应采取防火措施,门应开向发电机间。

    5 柴油发电机房宜靠近变电所设置,当贴邻变电所设置时,应采用防火墙隔开。

    6 当柴油发电机房设在地下时,宜贴邻建筑外围护墙体或顶板布置,机房的送、排风管(井)道和排烟管(井)道应直通室外。室外排烟管(井)的口部下缘距地面高度不宜小于 2.0m。

7 柴油发电机房墙面或管（井）的送风口宜正对发电机进风端。

8 建筑物内设或外设储油设施设置应符合现行国家标准《建筑设计防火规范》GB 50016 的规定。

9 高压柴油发电机房可与低压柴油发电机房分别设置。

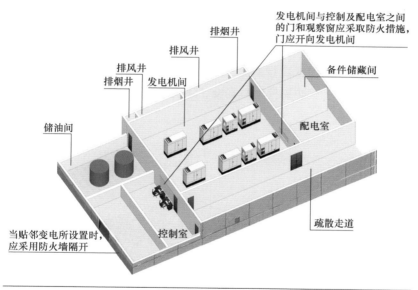

8.3.3 图示

8.3.4 智能化系统机房应符合下列规定：

    1 机房地面或门槛宜高出本层楼地面不小于0.1m。

    2 机房宜铺设架空地板、网络地板或地面线槽，宜采用防静电、防尘材料，机房净高不宜小于2.5m。

    3 机房可单独设置，也可合用设置。当消防控制室与其他控制室合用时，消防设备在室内应占有独立的区域，且相互间不会产生干扰；当安防监控中心与其他控制室合用时，风险等级应得到主管安防部门的确认。

    4 消防控制室、安防监控中心的设置应符合有关国家现行消防、安防标准的规定。消防控制室、安防监控中心宜设在建筑物的首层或地下一层。

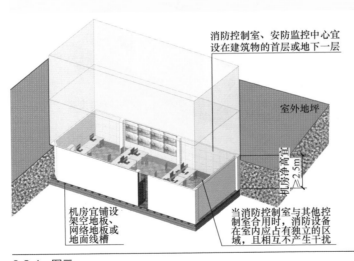

消防控制室、安防监控中心宜设在建筑物的首层或地下一层

室外地坪

机房净高宜≥2.5m

机房宜铺设架空地板、网络地板或地面线槽

当消防控制室与其他控制室合用时，消防设备在室内应占有独立的区域，且相互不产生干扰

8.3.4　图示

8.3.5 电气竖井的设置应符合下列规定：

  1 电气竖井的面积、位置和数量应根据建筑物规模、使用性质、供电半径和防火分区等因素确定，每层设置的检修门应开向公共走道。电气竖井不宜与卫生间等潮湿场所相贴邻。

  2 250.0m 及以上的超高层建筑应设 2 个及以上强电竖井，宜设 2 个及以上弱电竖井。

  3 电气竖井井壁、楼板及封堵材料的耐火极限应根据建筑本体耐火极限设置，检修门应采用不低于丙级的防火门。

  4 设有综合布线机柜的弱电竖井宜大于 $5.0m^2$；采用对绞电缆布线时，其距最远端信息点的布线距离不宜大于 90.0m。

8.3.6 线路敷设应符合下列规定：

  1 无关的管道和线路不得穿越和进入变电所、控制室、楼层配电室、智能化系统机房、电气竖井，与其有关的管道和线路进入时应做好防护措施。

  2 有关的管道在变电所、控制室、楼层配电室、智能化系统机房、电气竖井布置时，不应设置在电气设备的正上方。风口设置应避免气流短路。

  3 在楼板、墙体、柱内暗敷的电气线缆保护管其覆盖层不应小于 15.0mm；在楼板、墙体、柱内暗敷的消防设备配电线缆保护管其覆盖层不应小于 30.0mm。覆盖层应采用不燃性材料。

  4 电缆桥架顶距楼板不宜小于 0.3m，距梁底不宜小于 0.1m。

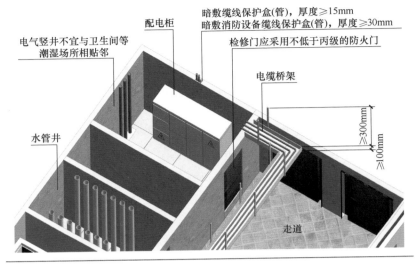

电气竖井不宜与卫生间等
潮湿场所相贴邻

配电柜

暗敷缆线保护盒(管)，厚度≥15mm
暗敷消防设备缆线保护盒(管)，厚度≥30mm

检修门应采用不低于丙级的防火门

电缆桥架

水管井

≥300mm
≥100mm

走道

8.3.5、8.3.6　图示

8.3.7 建筑物防雷接闪器的设置应符合现行国家标准《建筑物防雷设计规范》GB 50057 的规定，并应符合下列规定：

1 国家级重点文物保护的建筑物、高层建筑、具有爆炸危险场所的建筑物应采用明敷接闪器；

2 除第 1 款之外的建筑物，当屋顶钢筋网以上的防水层和混凝土层需要保护时，屋顶层应采用明敷接闪网等接闪器；

3 除第 1 款之外的建筑物，当周围有人员停留时，其女儿墙或檐口应采用明敷接闪带等接闪器。

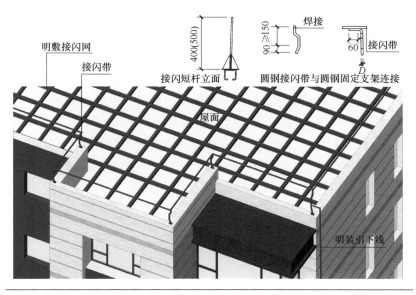

8.3.7 图示

8.4 燃气

8.4.1 室外燃气管道宜埋地敷设，并应符合下列规定：

    1 不得从建筑物和大型构筑物（不含架空建筑物和构筑物）的下面穿过；

    2 不应穿过电力、电缆、供热和污水等地下管沟或同沟敷设，与建（构）筑物或相邻管道之间的水平和垂直净距、覆土深度等应符合现行国家标准《城镇燃气设计规范》GB 50028 的有关规定。

8.4.2 燃气管道采用室外架空敷设时，应符合下列规定：

    1 可沿建筑物外墙或屋面敷设；

    2 中压燃气管道，可沿耐火等级不低于二级的居住建筑或公共建筑的外墙敷设，该建筑外墙的耐火极限不得低于 2.5h；

    3 燃气管道距居住建筑或公共建筑物非用气房间门、窗洞口的水平净距，中压管道不宜小于 0.5m，低压管道不宜小于 0.3m。

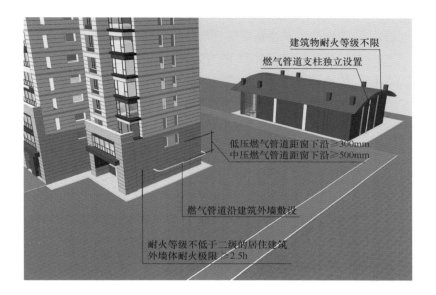

建筑物耐火等级不限

燃气管道支柱独立设置

低压燃气管道距窗下沿≥300mm
中压燃气管道距窗下沿≥500mm

燃气管道沿建筑外墙敷设

耐火等级不低于二级的居住建筑
外墙体耐火极限≥2.5h

8.4.2　图示

8.4.3 区域燃气调压站（箱）可设置于地上或地下，与建筑物的水平净距应符合现行国家标准《城镇燃气设计规范》GB 50028 的有关规定。

8.4.4 楼栋调压箱或专用调压装置可悬挂在耐火等级不低于二级的居住建筑的外墙上，外墙体的耐火极限不得小于 2.5h。

耐火等级不低于二级的居住建筑
外墙体耐火极限≥2.5h

楼栋调压箱或
专用调压装置

8.4.4 图示

8.4.5 当调压装置进口压力不大于 0.4MPa，且调压器进出口管径不大于 $DN100$ 时，可设置在用气建筑物的平屋顶上，并应符合下列规定：

1 应在屋顶承重结构受力允许的条件下，且该建筑物耐火等级不得低于二级；

2 调压箱（或露天调压装置）与建筑物烟囱的水平净距不应小于 5.0m。

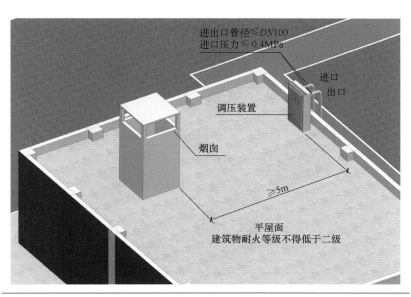

8.4.5 图示

8.4.6 燃气表、用户调压器的设置，应符合下列规定：

1 应设置在不燃或难燃墙体上，且应设置在通风良好和便于安装、查表的地方；

2 住宅建筑燃气表及用户调压器可安装在厨房内，也可设置在户门外的表箱或表间内；

3 公共建筑燃气表应集中布置在单独房间内，当设有专用调压室时，可与调压器同室布置；

4 不应设置在有电源、电器开关及其他电气设备的管道井内。

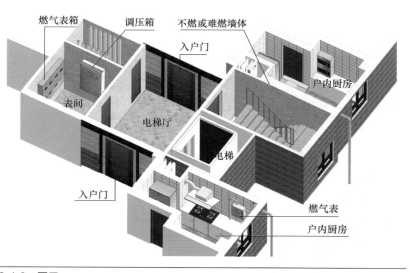

8.4.6 图示

8.4.7 液化石油气和相对密度大于 0.75 的燃气调压计量装置及管道、燃具、用气设备等设施不得设于地下室、半地下室等地下空间。

8.4.8 当采用液化石油气瓶组自然气化，总容积小于等于 1.0m³ 时，瓶组间可设置在与建筑物（高层建筑、重要公共建筑和居住建筑除外）外墙毗连的单层专用房间内，单层专用房间应符合下列规定：

1 建筑物耐火等级不得低于二级；

2 应通风良好，且应有直通室外的门；

3 与其他毗邻房间的墙应为防火墙，且不得设置任何洞口；

4 室温不应高于 45℃，且不应低于 0℃；

5 与其他建筑的防火间距应符合国家现行相关标准的规定。

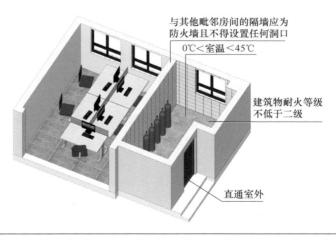

8.4.8 图示

8.4.9 当瓶组气化站配置气瓶的总容积超过 $1.0m^3$ 或采用强制气化时，应独立设置在高度不低于 $2.2m$ 的专用房间内。专用房间与其他建（构）筑物的防火间距应符合国家现行相关标准的规定。

8.4.10 商业和公共建筑用户使用的气瓶组严禁与燃具布置在同一房间内。

8.4.11 在室内设置的燃气管道和阀门应符合下列规定：

1 燃气管道宜设置在厨房、生活阳台等通风良好的场所；引入管的阀门可设置在公共空间，并应方便操作和检修；

2 燃气管道不得穿过防火墙；当必须穿过时，应采取必要的防护措施；

3 严禁设置在居室和卫生间；

4 不得设置在人防工程和避难场所，以及非用燃气的人员密集场所；

5 不得设置在建筑中的避难间、电梯间、非开敞的楼梯间及其消防前室；

6 不得穿过电力、电缆、供暖和污水等地下管沟或同沟、同井敷设；

7 不得穿过烟道、进风道和垃圾道；

8 不得设置在易燃或易爆品的仓库、有腐蚀性介质的房间、发电间、变配电室等非用燃气的设备用房。

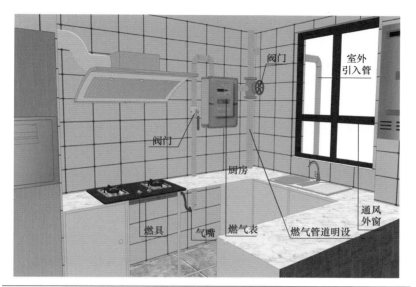

室外
引入管

阀门

阀门

厨房

燃具   气嘴   燃气表   燃气管道明设

通风
外窗

8.4.11 图示

8.4.12 燃气管道宜明设。当暗埋和暗封燃气管道时,应符合现行国家标准《城镇燃气技术规范》GB 50494 和《城镇燃气设计规范》GB 50028 的有关规定。

8.4.13 燃气管道竖井应符合下列规定:

1 竖井的底部和顶部应直接与大气相通;

2 管道竖井的墙体应为耐火极限不低于 1.0h 的不燃烧体,井壁上的检查门应采用丙级防火门。

8.4.14 居住建筑使用燃具的厨房或设备间应符合下列规定:

1 净高度不应低于 2.2m,并应有良好的自然通风;

2 应与居室分隔,且不得向卧室开敞。

8.4.15 居住建筑的燃具燃烧烟气宜通过竖向烟道排至室外,且不得与使用固体燃料的设备共用一套排烟设施。

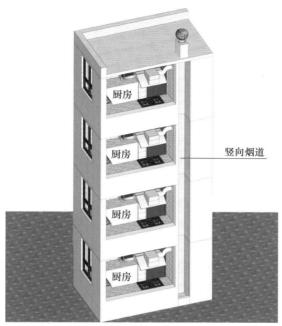

居住建筑常用竖向烟道示意图

8.4.15　图示

8.4.16 高层民用建筑内使用燃气应采用管道供气。

8.4.17 公共建筑中燃具的设置应符合下列规定：

1 燃具设置在地下室、半地下室（液化石油气除外）和地上无自然通风房间等场所时，应设置机械通风设施和独立的事故排风设施，通风量应符合下列规定：

1） 正常工作时，换气次数不应小于 6 次 /h；事故通风时，换气次数不应小于 12 次 /h；不工作时，换气次数不应小于 3 次 /h；

2） 当燃烧所需的空气由室内吸取时，应满足燃烧所需的空气量。

2 燃具燃烧的烟气宜通过竖向烟道排至室外。

8.4.18 公共建筑燃气直燃机、燃气锅炉等大型燃气用气设备的排烟应符合下列规定：

1 用气设备宜采用单独烟道；当多台设备合用烟道时，应保证排烟时互不影响；

2 应设有防止倒风的装置。

参 考 文 献

[1] 中华人民共和国国家标准.建筑模数协调标准.GB/T 50002—2013
     [S].北京：中国建筑工业出版社，2014.

[2] 中华人民共和国国家标准.建筑结构荷载规范.GB 50009—2012 [S].
     北京：中国建筑工业出版社，2012.

[3] 中华人民共和国国家标准.建筑设计防火规范.GB 50016—2014（2018
     年版）[S].北京：中国计划出版社，2018.

[4] 中华人民共和国国家标准.城镇燃气设计规范.GB 50028—2006（2020
     年版）[S].北京：中国建筑工业出版社，2020.

[5] 中华人民共和国国家标准.建筑采光设计标准.GB 50033—2013 [S].
     北京：中国建筑工业出版社，2013.

[6] 中华人民共和国国家标准.建筑照明设计标准.GB 50034—2013 [S].
     北京：中国建筑工业出版社，2014.

[7] 中华人民共和国国家标准.锅炉房设计标准.GB 50041—2020 [S].北
     京：中国计划出版社，2020.

[8] 中华人民共和国国家标准.建筑物防雷设计规范.GB 50057—2010
     [S].北京：中国计划出版社，2011.

[9] 中华人民共和国国家标准.建筑结构可靠性设计统一标准.GB
     50068—2018 [S].北京：中国建筑工业出版社，2019.

[10] 中华人民共和国国家标准.住宅设计规范.GB 50096—2011 [S].
      北京：中国建筑工业出版社，2012.

[11] 中华人民共和国国家标准.地下工程防水技术规范.GB 50108—2008
      [S].北京：中国计划出版社，2009.

[12] 中华人民共和国国家标准.民用建筑隔声设计规范.GB 50118—2010
      [S].北京：中国建筑工业出版社，2010.

[13] 中华人民共和国国家标准.民用建筑热工设计规范.GB 50176—2016 [S] .北京：中国建筑工业出版社，2017.

[14] 中华人民共和国国家标准.民用建筑工程室内环境污染控制标准.GB 50325—2020 [S] .北京：中国计划出版社，2020.

[15] 中华人民共和国国家标准.城镇燃气技术规范.GB 50494—2009 [S] .北京：中国建筑工业出版社，2009.

[16] 中华人民共和国国家标准.无障碍设计规范.GB 50763—2012 [S] .北京：中国建筑工业出版社，2012.

[17] 中华人民共和国国家标准.车库建筑设计规范.JGJ 100—2015 [S] .北京：中国建筑工业出版社，2015.